环境异味污染分析与控制

刘杰民　吴传东　赵　鹏　郭中宝　著

U0364651

科学出版社

北　京

内 容 简 介

异味污染是当前我国城镇居民投诉反映最强烈的环境污染问题之一。相较于欧美日等发达国家和地区，我国异味污染研究起步较晚，污染来源广泛、成分复杂，形势严峻。本书作者团队自本世纪初开始，长期致力于典型环境异味污染的分析控制研究，包括异味污染的仪器–嗅觉联用评价、污染溯源解析、关键致臭物质与致臭机制、源头减排和高级氧化控制等领域。本书共 8 章，内容包括异味污染的来源与分类、分析评价与扩散模拟、管理控制和净化治理等，内容丰富、实用性强，可以作为环境化学、分析化学、环境科学、环境工程等专业的研究生教材，也可作为异味污染监测控制领域的研究、工程技术和管理人员的专业参考用书。

图书在版编目（CIP）数据

环境异味污染分析与控制 / 刘杰民等著. —北京：科学出版社，2023.4
ISBN 978-7-03-075361-8

Ⅰ. ①环⋯ Ⅱ. ①刘⋯ Ⅲ. ①空气污染–污染防治–研究–中国
Ⅳ. ①X51

中国国家版本馆 CIP 数据核字（2023）第 059728 号

责任编辑：霍志国 / 责任校对：杜子昂
责任印制：吴兆东 / 封面设计：东方人华

科 学 出 版 社 出版
北京东黄城根北街 16 号
邮政编码：100717
http://www.sciencep.com

北京中石油彩色印刷有限责任公司 印刷
科学出版社发行　各地新华书店经销

*

2023 年 4 月第 一 版　开本：720×1000　1/16
2023 年 4 月第一次印刷　印张：10 1/2
字数：212 000
定价：98.00 元
（如有印装质量问题，我社负责调换）

前　言

异味污染（气味污染、恶臭污染）是一种常见的大气环境污染，影响范围广、持续时间长，严重影响人们的身心健康和生活质量。我国生态环境部统计数据表明，2018~2020年异味污染投诉举报案件年均超过10万件，占全部环境问题投诉举报件数的20.8%~22.1%，是当前公众反映最强烈的环境问题之一。2021年11月，《中共中央 国务院关于深入打好污染防治攻坚战的意见》印发实施，指出要加大恶臭异味等的治理力度。

异味污染问题由来已久，特别是20世纪以来，随着工农业迅速发展和城镇化进程加快，各个国家相继出现异味污染问题并呈现加重趋势，引起政府、公众和科研人员的重视。日本、荷兰、美国等国家较早开展了异味污染的分析评价与控制技术研究。相较而言，我国在异味污染领域的研究起步较晚。我国经济行业门类多样，异味污染来源广泛、成分复杂，异味污染问题形势严峻，急需科学的分析控制技术和专业的科技人才队伍。

在教学研究实践中，本书作者团队发现我国异味污染分析控制领域缺乏相应的专业教材和参考用书。现有的相关书籍系统性较弱、知识体系不完整。因此，编写一本系统阐述异味污染分析控制技术的专业书籍，可以作为相关领域科技和管理人员的参考用书和研究生的授课教材，对提升我国异味污染分析和控制技术水平具有重要意义。

本书共8章。第1章绪论，介绍异味污染的概念与研究发展历程。第2章介绍异味污染的来源与分类。第3章介绍不同类型异味污染物的采集与前处理方法。第4、5章分别从感官分析和仪器分析的角度介绍异味污染的分析评价技术。第6章介绍异味污染的扩散模式与扩散模型。第7章介绍异味污染管理控制政策与标准。第8章介绍异味污染净化控制技术。附录提供了常见异味物质的嗅觉阈值和异味污染分析技术规范，以方便读者查阅相关的标准规范和技术资料。在编写过程中，本书获得"北京科技大学研究生教材建设项目"资助。

由于作者水平有限，本书的内容难免存在疏漏和不当之处，敬请广大读者批评指正。意见建议请发至 liujm@ ustb. edu. cn 或 wuchuandong@ ustb. edu. cn。

作　者

2023 年 3 月

目　　录

第1章 绪 论

异味污染既是一种化学污染，也是一种感官污染，具有较为复杂的属性。本章主要对异味污染的基础概念和基本特征进行阐述，并回顾异味污染研究的发展历程，使读者对异味污染建立基本认识。

1.1 异味污染的基础概念

异味污染是一种常见的环境污染，属于大气污染范畴，通常指由污染源散发出对人造成嗅觉刺激的异味物质而导致的环境污染[1,3,4]。

气味是指嗅觉器官在闻嗅化学物质时所感知的感官特性。异味是一类特殊的气味，一般指引起人嗅觉器官产生不愉悦感知的气味。从更深层次上讲，气味是嗅觉受体（OR）识别挥发性化学物质而引起的大脑反应，涉及复杂的嗅觉感知原理（第4章中介绍）。总体上，一种物质如果满足以下条件，便可被认为是一种气味物质：

①能与嗅觉受体结合；

②与嗅觉受体结合后能产生信号并传递至大脑；

③大脑能够识别该信号[1]。

异味物质是指一切刺激嗅觉器官引起人们不愉快感觉及损害生活环境的化学物质。地球上存在数量众多的异味物质。研究表明，地球上的物质中大约20%具有各种气味，仅凭人的嗅觉可感受到的异味物质已超过4000种，其中包括人们日常生产生活中常见或具有较大影响的物质，例如氨气、三甲胺、硫化氢、苯系物、乙醇、乙酸乙酯、挥发性脂肪酸、萜烯、卤代物等。

由于这些物质大多具有独特的气味特征，而人的嗅觉系统十分灵敏，所以这些物质在空气中处于微量甚至痕量的浓度水平时就已经能够被人的嗅觉系统所察觉。当它们在环境空气中的浓度增加到一定水平时，对人嗅觉器官造成的刺激作用超过特定强度后，使人产生不愉悦的感觉，甚至产生心理和生理危害，形成异味污染[4]。

某些行业和环境，例如污水处理厂、垃圾填埋场、畜禽养殖场、石化制药厂等，散发的异味物质通常具有明显的恶臭特征，使人产生不愉快和厌恶感，严重损害生产和生活环境，因此也被称为恶臭污染。

1.2　异味污染的危害

1.2.1　异味污染对人体健康的影响和危害

异味污染对人体健康产生的危害主要包括感官影响、心理伤害和生理伤害 3 个层次[2,5]。

①感官影响，吸入异味气体对人嗅觉器官造成异味刺激，产生轻微的嗅觉影响，干扰正常的嗅觉感知。

②心理伤害，吸入异味气体使人产生较为严重的厌恶感、烦躁感，干扰人的情绪、思想和心理稳定。

③生理伤害，吸入异味气体时，人会本能地屏住呼吸或降低呼吸频率，造成呼吸系统不顺畅和血压、脉搏的变化；吸入异味气体后，会使人产生恶心、头晕、压力、头痛、呕吐、食欲不振等不适反应。

较长时间或重复性地暴露在异味气体中会使人的嗅觉系统产生嗅觉疲劳，甚至嗅觉损伤。嗅觉疲劳是一种轻微的、可逆的嗅觉感官适应，表现为嗅觉敏感性降低，可以通过停止接触并吸入洁净无味气体的方法进行缓解。持续或重复地吸入异味气体会对嗅觉系统造成不可逆的损伤，严重降低嗅觉器官的敏感性。

除了以上的影响和危害，许多异味物质本身还具有健康风险属性，在较高浓度或长期接触时会对人体造成皮肤和黏膜损伤、神经和组织中毒等健康危害。对于工作环境，通常会针对空气中的气体污染物设定职业接触限值（OELs）。OELs 指劳动者在职业活动过程中长期反复接触某种或多种职业性有害因素，不会引起绝大多数接触者不良健康效应的容许接触水平。化学有害因素的职业接触限值分为时间加权平均容许浓度（PC-TWA）、短时间接触容许浓度（PC-STEL）和最高容许浓度（MAC）三类。

典型异味物质的嗅觉阈值（C_{OT}）与时间加权平均容许浓度（PC-TWA）的比值如表 1-1 所示。

表 1-1　典型异味物质的嗅觉阈值与时间加权平均容许浓度的比值

异味物质	C_{OT}（mg/m³）	PC-TWA（mg/m³）	C_{OT}/PC-TWA
氨	1.06	20	0.053
甲硫醇	0.00014	1	0.00014
二硫化碳	0.65	5	0.13
苯	8.62	6	1.44

异味物质	C_{OT}（mg/m³）	PC-TWA（mg/m³）	C_{OT}/PC-TWA
甲苯	1.24	50	0.025
乙苯	0.74	100	0.0074
苯乙烯	0.149	50	0.0022
甲醛	0.61	25	0.024
正丁醇	0.12	100	0.0012
乙酸乙酯	3.14	200	0.016
乙酸丁酯	0.073	200	0.00036
苯酚	0.022	10	0.0022
丙酮	100	300	0.33
乙酸	0.015	10	0.0015
正丁醛	0.0020	5	0.00040
丁烯	0.83	100	0.0083
四氯化碳	29	15	1.9

　　氨、甲硫醇等物质的嗅觉阈值与职业接触限值的比值小于 1，意味着这些物质在引起不良健康效应之前就会被人的嗅觉感官系统闻到，一定程度上也可以起到风险预警作用。当这类物质的浓度逐渐升高，产生的异味污染会越来越明显和严重，最终会同时产生异味污染和健康危害。

　　以硫化氢为例，硫化氢的嗅觉阈值非常低，仅有 0.0004mg/m³，甚至低于其非致癌效应毒性参数（呼吸吸入参考浓度 RfC：0.002mg/m³），在极低的浓度时即可造成嗅觉刺激。不同浓度的硫化氢会对人造成的嗅觉刺激和健康效应如表 1-2 所示。

表 1-2　硫化氢对人造成的嗅觉刺激和健康效应与浓度对应关系

硫化氢浓度（mg/m³）	对人造成的嗅觉刺激和健康效应
0.0004	嗅觉阈值
0.001	轻微的嗅觉刺激
0.04	较强的异味刺激
10～20	刺激人的眼睛和呼吸道黏膜
20～40	刺激人的肺部
250～600	造成支气管或肺部水肿，30min 左右即可导致死亡
1000～2000	即刻丧失知觉，进而造成窒息、死亡

苯等物质的嗅觉阈值与职业接触限值的比值大于 1，意味着这些物质在未达到引起嗅觉刺激的浓度时也会对人体造成健康危害。事实上，人们大多数时候对异味刺激明显物质的关注会大于或早于不易被嗅觉识别的有害污染物。

1.2.2　异味污染对社会环境的影响和危害

由于异味污染扩散速度快，影响范围广，造成的感官刺激强烈，已经发展成为一种严重的扰民事件[6,9]。国内外民众对异味污染的投诉事件一直居高不下。例如，美国的异味污染投诉占大气污染投诉的 50% 以上，欧洲国家 13% ~20% 的居民受异味污染困扰，日本每年异味污染投诉事件高达 15000 件，恶臭已成为七大公害之一。

在我国，异味污染同样是居民投诉的重点之一。我国生态环境部发布的统计数据表明，2018 年"全国生态环境信访投诉举报管理平台"接到的群众举报中大气污染投诉居首，其中反映恶臭/异味污染的举报最多，占大气污染举报的 36% ~47%，比 2017 年上升超过 10%。2018 ~2020 年接到的恶臭/异味投诉举报事件分别为 15.3 万件、11.1 万件和 9.8 万件，各占全部环境问题投诉举报件数的 21.5%、20.8% 和 22.1%，投诉占比稳中有升，是当前公众投诉最强烈的环境问题之一。

从社会民众投诉举报的地区分布来看，2020 年我国恶臭/异味投诉举报主要集中在东部沿海和华北平原等人口密集、经济发达的区域。投诉举报量最多的省份是广东省，其次是河南省，投诉件数均在 10000 件以上；山东省、江苏省、河北省、湖北省投诉件数在 5000 ~10000 件；其余投诉较多的省份还有辽宁省、浙江省、安徽省、福建省等，整体地区分布趋势与前两年的投诉举报分布趋势基本一致[9]。

1.2.3　异味污染对经济发展的影响

异味污染除了影响人的健康、降低人的舒适感之外，还会影响人的工作效率，降低旅游、商业、娱乐等预期的经济效益。

室内办公环境是异味污染的典型环境之一，由于室内材料物品、人员活动、微生物代谢等源头散发的异味物质会导致办公室、工作间、居室等室内场所发生异味污染，降低人们的工作效率或引发心理伤害与生理伤害，减少有效工作时间，影响经济社会发展[3,4]。

旅游、商业、娱乐等区域若由于存在异味污染源或受到周边异味污染源的影响而发生异味污染，将会影响区域的人流量，降低人们的舒适感和购买欲，对经济效益造成损害。

1.3　异味污染的特点

异味污染属于大气污染范畴，具有一般大气污染的特点，例如以空气为传播介质、通过呼吸系统对人体产生影响。同时，异味污染是通过人的嗅觉感知进行判定和评价，因此其与常规的大气污染物如氮氧化物、硫氧化物、颗粒物等相比具有明显不同的特点。异味污染的特点可总结如下。

①成分复杂：能够造成异味污染的物质众多，典型异味污染源散发的异味污染物往往体系复杂，组分数量多达几十甚至上百种，浓度水平差异大，分子结构各不相同，各种组分间还存在气味相互作用。

②极易扩散：异味物质大多具有较高的挥发性，一旦进入空气中能够快速传播，扩散距离远，影响范围广。异味污染的扩散过程受污染源散发速率、气象、地形等条件影响，因此也会呈现较为明显时空变化特征。

③分析困难：造成异味污染的物质大多具有很低的嗅觉阈值，即便在极低的浓度水平也能产生明显的嗅觉刺激。有些异味物质，如甲硫醇等，还容易在高温、光照等条件下发生转变。对低浓度的复杂异味混合气体进行成分鉴定和浓度分析具有一定的难度。异味污染的感官分析方法通常需要由一组 4~8 名经过筛选和培训的气味评价员进行评价，具有较高的人工和时间成本。

④主观性强：异味污染具有化学污染与感官污染双重属性，因此在成分和浓度分析的基础上，更重要的是需要通过感官分析对其进行感官评价。感官评价具有较强的主观性，容易受人的嗅觉灵敏程度、嗅觉适应和嗅觉疲劳、身体和心理状况、测试环境等因素影响。在开展感官分析时，需要由一组经过筛选和培训的气味评价员进行综合评价并进行严格的数据处理，以降低气味评价员个人的主观性对测试结果造成的影响。

⑤治理困难：异味污染物对嗅觉系统造成的刺激程度与污染物的化学浓度间并非简单的线性相关关系。韦伯-费希纳（Weber-Fecher）等研究表明，在一定范围内，异味物质造成的嗅觉刺激程度（异味强度）与其化学浓度的对数成正比。将异味物质的化学浓度大幅降低 90%，人感受的嗅觉刺激程度并不会同等幅度的快速下降。此外，垃圾处理厂、污水处理厂、畜禽养殖场等典型环境常见的异味物质如还原性硫化物、有机胺、脂肪酸等，具有极低的嗅觉阈值，治理异味时需要将这类物质的浓度降低至极低水平才能消除异味污染[5,7]。

1.4　异味污染的研究发展历程

异味污染问题由来已久，尤其是近现代以来，随着工农业迅速发展和城镇化进程加快，异味污染问题呈现加重趋势。19 世纪，英国就出现了由工业和生活污水排放导致的河流水体异味污染问题。进入 20 世纪以来，美国、荷兰、澳大利亚等发达国家相继出现异味污染问题，逐渐引起政府、公众和科研人员的重视，投入人力和资金研究异味污染的分析测定与管理控制方法。1971 年，荷兰制定了一项针对畜禽养殖场异味污染防控的实践指南，规定了养殖场与居民区之间的最小距离限值，1984 年出台了基于嗅觉仪法测定气味散发速率的工业区空气质量异味管理控制标准。此后，英国、德国、法国、意大利等国家相继出台异味污染的分析控制标准。为了统一欧盟各国的异味测定技术方法，欧洲标准化委员会于 2003 年颁布了异味污染分析技术标准《空气质量：动态稀释嗅辨仪法测试气味浓度》（EN 13725：2003 *Air quality：Determination of odour concentration by dynamic olfactometry*），规定采用动态稀释嗅辨仪（动态嗅觉仪）测试气味浓度的方法评价空气质量，并以正丁醇作为检验嗅觉感官分析方法精密度与准确度的标准物质[3,12]。

美国也较早开展了异味污染的测试方法及控制标准研究，在 1978 年建立了《注射器稀释法测定气味浓度技术（ASTM D 1391）》，随后又继续建立了《强制选择上升浓度梯度极限法测定嗅觉和味觉阈值（ASTM E 679-04）》《阈上气味强度等级测定（ASTM E 554）》等异味污染的测试和评价技术标准。美国环境保护署并未规定统一的异味污染控制标准或法规，而是由各州分别制定。例如，科罗拉多州空气质量控制委员会通过 2 号法案（气味释放 5CCR 1001-4）规定了居民区和商业区最高允许的气味浓度阈稀释倍数（D/T）是 7，其他类型地区最高允许的气味浓度阈稀释倍数是 15。伊利诺伊、肯塔基、密苏里等 10 个州也采用了基于阈稀释倍数设定异味污染管理控制标准[10]。

在亚洲地区，日本是较早开始研究异味污染测定和控制方法的国家。1967 年颁布的《日本公害对策基本法》将恶臭列为典型的七大公害之一；1971 年日本政府出台了《恶臭防止法》以解决日益严重的异味污染问题；1972 年又相继出台了《恶臭防止法施行令》《恶臭防止法实施规则》以及关于恶臭污染物采样和测定方法的文件法规[3]。不仅如此，日本学者还研究提出了“三点比较式臭袋法”作为测定异味污染物气味浓度和嗅觉阈值的标准方法，该方法在亚洲地区具有较高的影响力。Nagata 等基于“三点比较式臭袋法”测定的 223 种异味物质的嗅觉阈值数据库是当前异味污染研究工作中广泛使用的基础数据库之一[11]。

相较而言，我国在异味污染领域的研究工作起步较晚。20 世纪 80 年代，随着城市人口增长和工业农业等行业的快速发展，垃圾填埋场、污水处理厂、化工企业等典型区域的异味污染问题逐渐暴露出来。天津市环境保护科学研究所是国内最早开展恶臭异味研究的单位之一，起草制定了天津市地方标准《恶臭排放标准（DB 12/033—93）》，联合北京市机电研究院环保技术研究所等单位主编了

《恶臭污染物排放标准（GB 14554—93）》[8]。同年，沈阳环境科学研究所起草制定了《空气质量 恶臭的测定 三点比较式臭袋法（GB/T 14675—93）》。

进入 21 世纪以来，伴随着经济社会的快速发展和人们生活水平要求的提升，异味污染问题已发展成为我国居民投诉最强烈的环境污染问题之一。我国生态环境部发布的 2018～2020 年"全国生态环境信访投诉举报管理平台"污染投诉举报统计数据表明，大气污染投诉居首，其中恶臭/异味污染投诉举报最为严重，投诉举报数量分别为15.3 万件、11.1 万件和9.8 万件（图 1-1），占大气污染投诉举报的42.6%、39.8%和41.4%（图 1-2），占全部环境问题投诉举报件数的21.5%、20.8%和22.1%，是当前我国居民投诉反映最强烈的环境污染问题之一[9]。

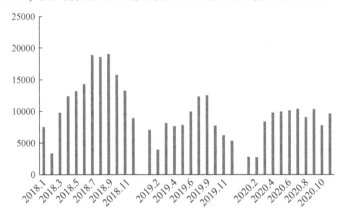

图 1-1 恶臭/异味污染投诉举报次数

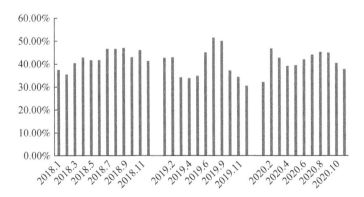

图 1-2 恶臭/异味污染投诉举报占涉气污染举报比例

近年来，随着分析仪器技术和异味污染理论研究的发展，我国在异味污染分析控制技术领域有了较大进展，国家有关部门对异味污染防治高度重视，异味污染治理处于攻坚阶段。2021 年 11 月，《中共中央 国务院关于深入打好污染防治攻坚战的意见》印发实施，在"深入打好蓝天保卫战"部分指出要加大恶臭异味等治理力度。生态环境部印发解读文件指出，要深入打好污染防治攻坚战，推动经济社会发展全面绿色转型，拓展攻坚领域，加大餐饮油烟、恶臭异味和噪声污染等治理力度。

我国经济行业多样，异味污染来源广泛、成分复杂，污染分析和管理控制难度大。本书按照环境异味污染的分类–分析–控制流程进行系统阐述，主要内容包括：①第 2 章，介绍异味污染的来源类型、异味性质的分类方法以及污染物组分类型；②第 3 章，针对不同类型的异味散发源，介绍异味污染物的采集与前处理方法；③第 4、5 章，分别从感官分析和仪器分析的角度介绍异味污染的分析评价技术并列出常见异味污染物的仪器分析方法；④第 6 章，针对异味污染的传输扩散过程，介绍异味污染几种典型的扩散模式与扩散模型；⑤第 7 章，详细介绍不同国家对于异味污染管理控制的政策与标准；⑥第 8 章，针对异味污染控制技术，介绍吸收、吸附、燃烧、催化以及生物法、等离子体法等净化处理技术。

参 考 文 献

[1] （德）安德莉亚·比特纳. 施普林格气味手册（上）. 王凯，等译. 北京：科学出版社，2019.

[2] 李伟芳. 异味污染的感官表征与暴露评估方法. 北京：化学工业出版社，2020.

[3] 沈培明，陈正夫，张东平. 恶臭的评价与分析. 北京：化学工业出版社，2005.

[4] 石磊. 恶臭气味嗅觉实验法问答. 北京：化学工业出版社，2009.

[5] 吴传东. 异味活度值系数法及其在垃圾场异味评价中应用研究. 北京：北京科技大学博士学位论文，2017.

[6] 吴传东，刘杰民，刘实华，等. 气味污染评价技术及典型垃圾处理工艺污染特征研究进展. 工程科学学报，2017，39（11）：1670-1676.

[7] 杨敏，于建伟. 饮用水嗅味问题来源与控制. 北京：科学出版社，2021.

[8] 中华人民共和国生态环境部. 关于征求国家环境保护标准《恶臭污染物排放标准（征求意见稿）》意见的函 [EB/OL]，2018 [2018-12-03]. http://www.mee.gov.cn/xxgk2018/xxgk/xxgk06/201812/t20181207_680842.html.

[9] 中华人民共和国生态环境部. 生态环境部通报 2020 年 12 月全国"12369"环保举报办理情况 [EB/OL]，2021 [2021-02-04]. http://www.gov.cn/xinwen/2021-02/04/content_5584844.html.

[10] Marlon Brancher, K David Griffiths, Davide Franco, et al. A review of odour impact criteria in selected countries around the world. Chemosphere, 2017, 168: 1531-1570.

[11] Nagata, Yoshio. Measurement of odor threshold by triangle odor bag method. Odor Measurement Review, 2003: 118-127.

[12] Vincenzo Belgiorno, Vincenzo Naddeo, Tiziano Zarra. Odour Impact Assessment Handbook. United Kingdom: WILEY, 2012.

第 2 章　异味污染的来源与分类

异味污染来源广泛，污染物类型众多，科学的分类方法可以有效提升异味污染分析管理控制效果。本章将对异味污染源的类型进行梳理，对异味污染的性质和主要的异味物质进行合理分类。

2.1　异味污染的来源

总体上，按照异味污染的产生途径可以将异味污染的来源分为自然污染源和人为污染源两类。

2.1.1　自然污染源

自然污染源是指由于自然原因释放异味物质形成的异味污染源。例如，动植物在生态环境系统中自然释放或腐败分解时自然散发异味物质形成异味污染源，火山喷发、森林燃烧、沼泽湿地等环境自然散发异味物质形成异味污染源。

生物体由蛋白质、脂肪、碳水化合物等组成。蛋白质由于含有硫和氮等元素，在分解过程中会产生气味强烈的含硫化合物和含氮化合物，例如硫醇、硫醚、氨气、有机胺等，都是典型的恶臭异味物质。脂肪和碳水化合物虽然最终分解产生的是二氧化碳和水，但其中间体一般是醇、醛、酮、醚、酯等物质，也有具有较强的气味[4,5]。

火山喷发、森林燃烧时会产生大量的气体，除了水蒸气、二氧化碳之外，还会有硫化氢、二氧化硫、氯化氢等异味气体。硫黄温泉周围容易产生硫黄气味，也是典型的异味污染源。沼泽、湿地、湖泊等水生环境是常见的异味污染自然污染源。

自然污染源产生的异味气体规模庞大。据估算，地球陆地和海洋每年自然释放的硫化氢气体约为 1 亿 t，而人类生产生活过程中每年产生的硫化氢气体约为 300 万 t。

2.1.2　人为污染源

人为污染源是指人类生产、生活活动所形成的异味污染源。人为污染源有各种不同的分类方法。

（1）按照污染物的排放形式分类

异味污染物经排气筒或者烟道、烟囱等有规律地集中排放称为有组织排放，相应的排放源称为有组织排放源。

异味污染物不经过排气筒的无规则排放称为无组织排放，相应的排放源称为无组织排放源。低矮排气筒虽然属于有组织排放，但在一定条件下也可造成与无组织排放相同的后果，因此也参照无组织排放源管理。

（2）按照污染源的空间分布特征分类

按照污染源的几何构型特征，可以将人为污染源分为点源、线源、面源和体源等。

点源是指异味污染物从相对集中和固定的一个点向外排放，例如排气筒、烟道、烟囱等向外排放异味废气等。

线源一般是指线性排列的污染源或移动源，例如生活垃圾在运送过程中向外散发异味气体，堵车时连成一排的汽车，大型车辆、船舶、飞机在行驶过程中排放异味尾气等。

面源是指异味污染物从相对较大的一个污染面向外散发，例如垃圾填埋场的填埋作业面、工业废料的堆放区、畜禽养殖场的动物活动区、农田土壤的施肥作业面、建筑墙体的涂料涂装面等；或者指在较大的区域范围内存在数量众多、排放量相对较小的异味污染源，例如大型工业园区内的多个小型异味排放源，城区数量众多且分布范围较广的餐饮油烟和化石燃料燃烧尾气等。

体源指具有多排放口的立体非集中排放源，例如畜禽养殖大楼等。

（3）按照社会活动功能分类

按照社会活动功能不同，又可将人为污染源分为生活污染源和生产污染源。

生活污染源主要是指生活垃圾、生活污水、排泄物等在收集、转运、处理过程中散发异味形成的异味污染源。例如，生活垃圾转运站、填埋场、污水处理厂、公共厕所等是城镇地区投诉反映强烈的异味污染源。

生产污染源包括众多能够产生异味污染的工业、农业设施或场地，例如石油化工厂、医药制造厂、皮革加工厂、印染厂、畜禽养殖场、水产养殖场、食品加工厂、餐饮店等。天津市环境保护科学研究院在修订《恶臭污染物排放标准（GB 14554—93）》时通过向全国23个省市自治区86个城市的环境监测单位和第三方检测机构发放调研问卷，统计了我国恶臭异味污染的主要来源行业[9]，如图2-1所示，恶臭异味污染投诉最强烈的污染源类型包括垃圾填埋、垃圾转运、污水处理、畜禽养殖、石油化工和餐饮等行业设施。

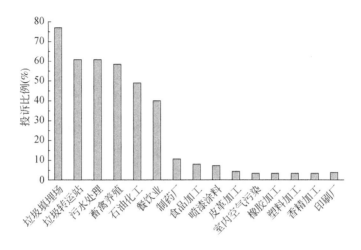

图 2-1　我国不同类型异味污染源的恶臭异味污染投诉情况

　　垃圾和污水处理厂是生活垃圾和生活污水的主要处置场所，是城镇居民异味投诉最强烈的异味污染源之一。近年来，我国城镇生活垃圾产量持续增加，年产量已超过 3 亿 t。生活垃圾的水分和有机质含量高，在转运和处理场所极易挥发和分解产生异味气体物质，形成异味污染源。

　　污水处理厂是典型的异味污染源，其进水区、生化区、污泥区等工艺段极易产生硫化氢、甲硫醚、二甲基二硫醚等异味气体，并且散发面积和散发气量较大，逸散至周围区域容易产生较为严重的异味污染[3,6]。

　　畜禽养殖场是一类非常典型的农牧业异味污染源，其异味污染主要是动物排泄物中的氨、挥发性脂肪酸、硫化氢等异味物质随废气和废水排放扩散到周边区域造成。

　　石油、化工、制药、农药等行业设施由于排放的尾气中含有大量的异味物质而成为十分典型的工业异味污染源。石化和制药企业排放的大量废气中，通常包含较高浓度的挥发性有机物和无机物气体，例如烃类、醇类、醛类、酯类、有机卤素衍生物、氨气、硫化氢等。这些气体大多具有较低的嗅觉阈值，随尾气排放扩散至周边区域，极易造成恶臭和异味污染。

　　餐饮业和食品加工行业设施也是近年投诉关注较多的异味污染源。某些食品及原材料在加工和不当储存过程中会释放令人不愉悦的异味气体，例如螺蛳粉散发的气味会使部分人群感觉不愉悦，水产加工过程散发的三甲胺等气体具有明显的鱼腥臭味。餐饮和食品加工行业中使用的香精、香料类物质，在浓度较高或混合状态时也对人造成明显的异味刺激。

　　值得注意的是，随着城镇化的快速发展和人们生活水平的提升，居室建筑和装修面积持续增长，由建筑室内材料物品、人员活动、微生物代谢等散发异味物质导致的室内空气异味污染问题日益突出。由于人的一生在室内环境停留的时间平均超过 80%，室内环境的异味污染对人的健康、舒适和工作效率具有重要影响。因此，办公室、工作间、居室等室内异味污染源也需要重点关注。

总体上，异味污染源的主要类型及其散发的代表性异味物质见表 2-1[7,8]。

表 2-1　典型异味污染源及其散发的代表性异味物质

异味污染源	代表性异味物质
动植物腐败	氨、硫化氢、乙酸、丙酮、丁醇、异丙醇
火山喷发	硫化氢
硫黄温泉	硫化氢
垃圾处理	氨、三甲胺、硫化氢、甲硫醇、甲硫醚、二甲基二硫醚、乙醇、戊醛、己醛、柠檬烯、挥发性脂肪酸
污水处理	硫化氢、氨、甲硫醇、甲硫醚、二甲基二硫醚、挥发性脂肪酸、甲苯、苯酚、吲哚、甲基吲哚
畜禽养殖	氨、三甲胺、硫化氢、丁酸、4-甲基苯酚
石油加工	二甲苯、苯乙烯、辛烷、酚、醛、羧酸、有机硫
化工生产	硫化氢、甲硫醇、二甲基二硫醚、乙醛、丙醛、丁醛、苯乙烯、乙苯、氨
汽车尾气	脂肪烃、芳香烃、氮氧化物
橡胶与塑料制造	丙酮、丁醇、戊醇、苯基丙醇、苯乙酮
皮革加工	氨气、三甲胺、硫化氢、苯
医药制造	乙酸乙酯、乙酸丁酯、苯系物、有机胺、有机硫
农药生产	苯、甲苯、乙醇、甲醇、环己烷、苯胺、氯仿
纺织业	苯、苯酚、苯乙烯、甲苯、二甲苯、苯胺、苯酸类
印刷业	氨、乙醛、乙酸乙酯、丙醛
涂装业	甲苯、二甲苯、苯乙烯、甲基异丁基酮
餐饮业	己醛、戊醛、丙烯醛、丙酮、甲醛、乙醛
食品加工	乙醇、丙酮、氨、三甲胺、2-丁酮、乙酸乙酯
建筑装饰装修	苯、甲苯、乙苯、蒎烯、己醛

2.2　异味特征的分类

异味特征（odor characteristics）是由异味的内在性质决定，通常可用不同的属性词进行描述，例如花香味、水果味、塑料味、臭鸡蛋味等。异味特征作为异味分类的一个重要依据，可以用于根据投诉者对异味的描述进行异味污染的溯源，或根据异味特征的描述从混合异味体系中筛选和鉴定关键异味物质。目前对异味特征的分类方法主要有直接比较描述法和气味轮图法。

2.2.1　直接比较描述法

把样品气体与参考气体直接比较，依照样品气体的异味特征与参考气体的异味特征的相似性进行分级评价。例如，克拉克（Crocker）和狄龙（Henderson）创建了四位号码法，将样品的异味特征与芳香味、酸臭味、烧焦味和羊脂酸臭味等 4 种参考气体的异味特征进行对比，并采用 0 ~ 8 级表示样品与 4 种参比气体的异味特征相似程度，1 级相似性最弱，8 级相似性最强（表 2-2）[4]。

表 2-2　克拉克直接比较描述法

数位	千位	百位	十位	个位
参考气味	芳香味	酸臭味	烧焦味	羊脂酸臭味
相似等级	1 ~ 8 级	1 ~ 8 级	1 ~ 8 级	1 ~ 8 级

不同的样品在比较描述时会产生不同的数字号码组合。例如，苯乙醇的克拉克四位号码数为 7423，它具有很强的芳香性和明显的酸味，略微带有一些烧焦味和动物脂臭味。

2.2.2　气味轮图法

气味轮图法是采用轮形图的形式对异味特征进行分类，将异味特征分为 8 种类型进行描述：花香味、水果味、蔬菜味、泥土味、刺激性气味、鱼腥味、化学品味、药味，每种异味特征类型分别包括几种或十几种代表性物质或异味描述词（表 2-3）[2]。

表 2-3　气味轮图法使用的异味特征分类方法

8 种气味类型	气味描述词
花香味	薰衣草香味、香水味、玫瑰味、椰子香味、肉桂味、香草味、桉树味、草药味等
水果味	苹果味、樱桃味、甜瓜味、柑橘味、薄荷味、橘子味、葡萄味、草莓味、柠檬味等
蔬菜味	芹菜味、黄瓜味、莳萝味、大蒜味、青椒味、坚果味、洋葱味等
泥土味	灰尘味、蘑菇味、烟雾味、粉笔灰味、麝香味、草地味、沼泽地味、泥煤味、霉菌味、老鼠味、酵母味等
刺激性气味	血腥味、腐败味、烧焦味、下水道味、酸味、粪便味、尿味、垃圾味、臭鸡蛋味、呕吐物味等

续表

8 种气味类型	气味描述词
鱼腥味	胺味、死鱼味等
化学品味	油漆味、石油味、塑料味、汽油味、汽车尾气味、硫黄味、煤油味、清洁剂味、杂酚油味、溶剂味、焦油味、樟脑丸味、胶片塑料味、松节油味等
药味	酒精味、消毒剂、氨气味、薄荷醇味、麻药味、肥皂味、醋味、氯气味等

在评价异味特征时，还采用 0～5 级的强度标尺判断样品的异味特征与气味轮图中 8 种异味特征的相似度，0 级表示不相似，5 级表示非常相似，并采用雷达图的形式给出对样品异味特征的评价结果（图 2-2）。

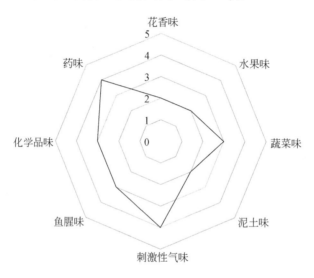

图 2-2　气味轮图

气味轮图法在香料、咖啡、酒类的风味分析和水体异味污染评价等领域中得到了应用广泛，并且发展出不同的使用方式。在水体异味污染分析领域，美国加利福尼亚大学 Suffet 教授在 1995 年创建了第一张饮用水的气味轮图，并在 1999 年进行了升级。饮用水气味轮图的评价体系由 8 种异味类型、4 种味道和 1 种口感组成，如图 2-3 所示。对于每种嗅觉、味觉或口感类型，气味轮图中给出了代表性的感知描述词以及可能造成这种感知的代表性物质。其中，白垩土一般指高酸度葡萄酒的矿石风味[11]。

2004 年，美国费城水务局 Burlingame 等建立了污水的气味轮图，将关注点主要放在异味类型上，没有包含对味道或口感的评价。轮图中同样给出了每种气味类型所对应的描述词以及可能造成这种气味的代表性物质。

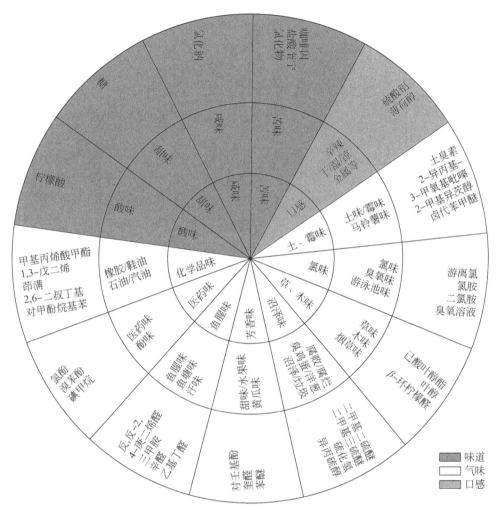

图 2-3　饮用水气味轮图

　　采用气味轮图法可以帮助检验人员或投诉人员快速准确分析水体异味污染的类型，提升对水体异味污染的识别能力，有助于筛选和鉴定可能的致臭物质。气味轮图法已经被美国公共卫生协会（American Public Health Association）纳入饮用水和污水检验的标准方法。

　　2009 年，法国苏伊士环境集团 Decottignies、Bruchet 和美国加利福尼亚大学 Suffet 联合建立了垃圾填埋场气味轮图作为一种评价垃圾填埋场异味特征的新方法，并在 2016 年由加利福尼亚大学 Curren 和 Suffet 等进行了升级。垃圾填埋场气味轮图中包含 11 种异味类型，与每种异味类型关联的代表性场景或物品，以及可能造成这种异味的代表性物质（图2-4）。气味轮图可以准确描述垃圾填埋场散发的异味物质类型和异味特征，用于初步鉴别潜在的致臭物质[10,11]。

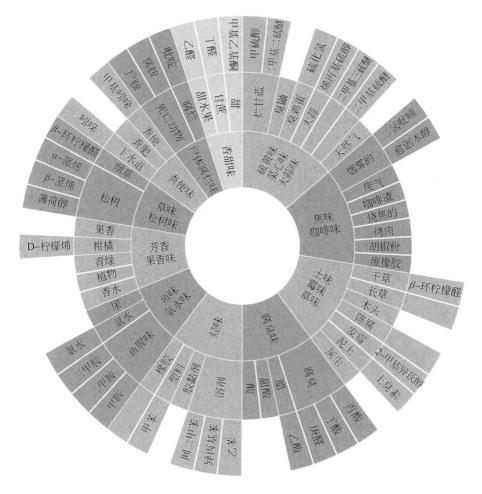

图2-4　垃圾填埋场气味轮图

　　李伟芳在总结典型环境异味污染特征描述词的基础上，绘制了通用的环境气味轮图[2]。环境气味轮图中包含11种异味类型、33种异味特征描述词和39种代表性异味物质，并且从愉悦度的角度将其分为"令人愉悦的气味""中性气味"和"令人厌恶的气味"三大类，具有较广的适用性（图2-5）。

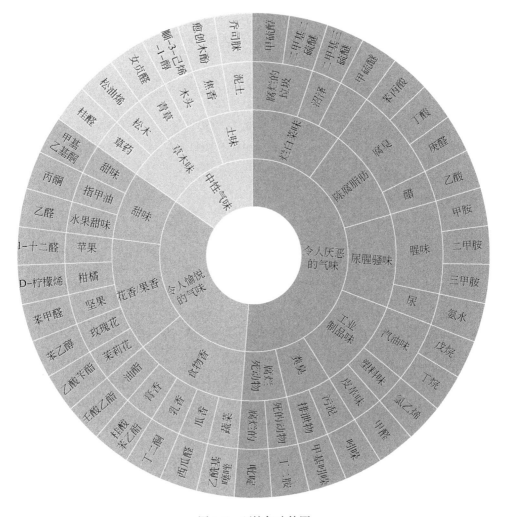

图 2-5　环境气味轮图

2.3　异味物质的分类

除了氨、硫化氢、二氧化氮等少数无机化合物之外，绝大多数异味物质都是有机化合物，并且有机异味物质的种类十分丰富。对于有机异味物质，除了碳、氢元素外，氧、硫、氮、氯等元素也是常见的组成元素，形成羟基、羰基、羧基、醚基、酯基、氨基、巯基、烯基、苯基、硝基、卤代基等官能团。元素和官能团类型与异味物质的性质密切相关，因此可以根据元素和官能团的类型将异味物质进行分类，如表2-4所示。

表2-4　异味物质的分类与异味特征

分类			代表性物质	异味特征
无机物	含硫化合物		硫化氢、二硫化碳、二氧化硫	臭鸡蛋味、刺激性气味
	含氮化合物		氨、二氧化氮	刺激性气味
	卤素及其化合物		氯气、氯化氢	刺激性气味
	其他		臭氧、磷化氢	刺激性气味
有机物	含硫化合物	硫醇	甲硫醇、乙硫醇	腐菜味、瓦斯味
		硫醚	甲硫醚、噻吩	大蒜味、甜玉米味
	含氮化合物	胺类	甲胺、三甲胺	烂鱼味、鱼腥味
		酰胺	二甲基甲酰胺、二甲基乙酰胺	汗味
		吲哚	吲哚、3-甲基吲哚	粪臭味
		其他	吡啶、丙烯腈	腐烂味
	含氧化合物	醇	甲醇、乙醇、丁醇	刺激性气味、苦味
		酚	苯酚、甲酚	墨水味、煤油味
		醛	乙醛、丙醛	青草味
		酮	丙酮、丁二酮	汗味、乳香味
		醚	二甲醚、乙醚	甜香味
		羧酸	乙酸、丁酸	醋味、苦味
		酯	乙酸乙酯、乙酸丁酯	水果味、指甲油味
	卤代物	卤代烃	二氯甲烷、四氯化碳	刺激性气味、甜味
		卤代醛	二氯乙醛、三氯乙醛	刺激性气味
	芳香族化合物		苯、甲苯	油漆味、塑料味
	萜烯		柠檬烯、α-蒎烯	柠檬香味、松油味
	烷烃		丁烷、戊烷	汽油味

　　当异味物质的浓度或强度发生较大变化时，其异味特征也可能会发生转变[1]。例如，醛类物质在低浓度时呈水果甜味、青草味等气味，但在较高浓度时则表现为臭虫味。柠檬烯在低浓度时是清新的柠檬香气味，在高浓度时会造成刺激性臭味。表2-4中所列举的大多是异味物质在中等强度时的异味特征。

参 考 文 献

［1］（德）安德莉亚·比特纳. 施普林格气味手册（上）. 王凯，等译. 北京：科学出版社，2019.

［2］李伟芳. 异味污染的感官表征与暴露评估方法. 北京：化学工业出版社，2020.

［3］刘则华，谭奇峰，党志，等. 水体异味化学物质：类别、来源、分析方法及控制. 北京：科学出版社，2019.

［4］沈培明，陈正夫，张东平. 恶臭的评价与分析. 北京：化学工业出版社，2005.

［5］石磊. 恶臭气味嗅觉实验法问答. 北京：化学工业出版社，2009.

［6］杨敏，于建伟. 饮用水嗅味问题来源与控制. 北京：科学出版社，2021.

［7］赵鹏. 室内异味污染评价及去除研究. 北京：北京科技大学博士学位论文，2014.

［8］赵鹏，刘杰民，伊芹，等. 异味污染评价与治理研究进展. 环境化学，2011，30（1）：1-16.

［9］中华人民共和国生态环境部. 关于征求国家环境保护标准《恶臭污染物排放标准（征求意见稿）》意见的函［EB/OL］，2018［2018-12-03］. http://www.mee.gov.cn/xxgk2018/xxgk/xxgk06/201812/t20181207_680842.html.

［10］Marlon Brancher，K David Griffiths，Davide Franco，et al. A review of odour impact criteria in selected countries around the world. Chemosphere，2017，168：1531-1570.

［11］Vincenzo Belgiorno，Vincenzo Naddeo，Tiziano Zarra. Odour Impact Assessment Handbook. United Kingdom：WILEY，2012.

第3章 异味样品的采集与前处理

异味物质大多具有较强的挥发性或在常温下呈气态,空气是其扩散传播的主要介质。由于异味样品的感官分析方法有别于普通空气样品,因此对异味样品的采集方法和前处理技术有一些特殊要求。总体上,首先要对异味污染源和异味污染的影响区域进行调查研究,收集相关的资料,然后通过综合分析确定采样方案,选择合适的样品采集方法和前处理方法。

3.1 异味样品采集方案

制定异味样品采集方案时,首先要根据研究目的对异味污染源和相关影响区域开展调查研究,调查异味污染源的几何构型和排放情况,结合气象、地形等因素初步分析异味污染物的扩散路径和传播范围,然后布设采样点,选定适宜的采样频率和采样方法,建立质量保证程序和措施。

3.1.1 采样目的

采集异味样品的目的是,分析异味污染源和环境空气中异味污染物的类型和浓度,评价异味污染的程度,判断异味污染是否超出标准,为空气质量评价和预测提供依据。

在开展采样工作前,首先要明确采样目的。采样目的影响采样方案的设计、采样方法和仪器材料的选择等。例如,若要分析污水处理厂的异味污染物散发速率,一般需要在污水处理厂全负荷运行时进行采样,以分析异味污染的最严重情况。若采样分析的对象是具有不同运行工况或排放特征的工厂,则需要在各种不同的运行工况和排放特征下分别进行采样。若采样分析的目的是评价异味去除装置的工作效果,则需要在异味去除装置前后分别进行采样。

3.1.2 背景调查与资料收集

调查所研究区域内异味污染源的类型、数量、位置、排放量等信息。由于异味污染主要通过空气扩散传播,地形和气象对异味污染物的扩散和影响区域具有重要影响。例如,山地区域的空气污染物会受山谷风影响,海边地区则会受海风和陆风影响。因此在设计异味污染采样方案时,还需收集异味污染源及周边区域的地形资料,以及风向、风速、气温、气压、相对湿度、降水、日照时间、云层厚度等气象资料[1]。

3.1.3　有组织排放源采样点的布设

有组织排放源采样时，一般是从排气筒排放的气流中抽取一定体积的异味气体样品，导入采集装置中。从排气筒中采集异味气体样品时，需选取气流均匀稳定的平直管段作为采样断面，避开弯头、变径管、阀门等易产生涡流的阻力构件。一般将采样断面设在阻力构件下游方向大于 6 倍管道直径或者阻力构件上游方向大于 3 倍管道直径的位置。对于矩形管道，其当量直径 $D = 2AB/(A+B)$，式中 A、B 为矩形管道的边长。即使客观条件难以满足上述要求，采样断面与阻力构件的距离也不应小于管道直径的 1.5 倍，并适当增加采样点的数量和采样频率。采样断面的气流速度最好在 5m/s 以上，优先考虑垂直管道[2]。

在选定的采样断面位置开设采样孔，采样孔的内径不小于 40mm，采样孔管长不大于 50mm。不使用时应用盖板、管堵或者管帽封闭。在采样断面打孔后，在靠近管道中心的位置设置一个采样点，采用抽气泵等装置从采样点抽取异味气体样品导入收集装置中。

在采样的同时，还需测量和记录管道内的气体温度、压力、流速流量、含湿量等状态参数，并将采样时的气体流量换算为标准状态下的干气流量。

通过测定点源排放异味气体的流量 F、气体样品的异味浓度 OC 以及样品中各种异味物质的质量浓度 C，可以计算点源的异味散发速率（odor emission rate，OER）和各种异味物质的散发速率（emission rate，ER）。

异味散发速率是衡量异味污染源散发异味快慢的基本参数之一，由异味污染源向外界散发异味气体的流量与该气体异味浓度的乘积得到［式（3-1）］，单位是 ou/s[①]。

$$OER = \frac{F \times OC}{3600} \tag{3-1}$$

式中，OER，异味散发速率，单位 ou/s；F，标准状态下的干气流量，单位 m³/h；OC，异味浓度，单位 ou/m³。

对于具体的异味物质，其散发速率是由异味污染源向外界散发异味气体的流量与该气体中异味物质质量浓度的乘积得到［式（3-2）］，单位是 mg/s。

$$ER = \frac{F \times C}{3600} \tag{3-2}$$

式中，ER，散发速率，单位 mg/s；F，标准状态下的干气流量，单位 m³/h；C，异味物质的质量浓度，单位 mg/m³。

---

①　ou 为气味单位（odor unit）。

3.1.4　无组织排放源采样点的布设

面源是无组织异味排放源的主要类型。面源是指异味污染物从相对较大的一个污染面向外散发，例如垃圾填埋场的填埋作业面、工业废料的堆放区、畜禽养殖场的动物活动区、农田土壤的施肥作业面、建筑墙体的涂料涂装面等；或者指在较大的区域范围内存在数量众多、排放量相对较小的异味污染源，例如大型工业园区内的多个小型异味排放源，城区数量众多且分布范围较广的餐饮油烟和化石燃料燃烧尾气等。

面源分为主动面源和被动面源，通常将异味散发流量大于 $50\mathrm{m^3/}$ $(\mathrm{m^2 \cdot h})$ 的面源称为主动面源，低于此值的称为被动面源。

主动面源自身具有较高的散发流量，可使用静态风罩法对其散发的异味气体样品进行汇流。静态风罩法采用罩式采样器，主体为底部开口的圆柱体，有一通气孔凸起顶部，为了使样品混合均匀，有些采样器中装有自动搅拌的叶轮，如图 3-1 所示[5]。

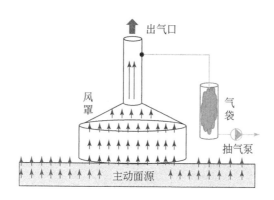

图 3-1　罩式采样器的原理示意图

主动面源经静态风罩法汇流后的异味气体，可以直接收集于采样装置中，收集方法参考点源采样技术。收集样品的同时，采用流量计等装置测定汇流后的异味气体流量。

异味散发速率的计算方法为式（3-3）和式（3-4）：

$$\mathrm{OER} = F \times \frac{60}{1000} \times \mathrm{OC} \times \frac{A_{面源}}{A_{风罩}} \tag{3-3}$$

式中，OER，异味散发速率，单位 ou/s；F，汇流后的异味气体流量，单位 L/min；OC，异味浓度，单位 ou/m³；$A_{面源}$，被动面源的异味散发面积；单位 m²；$A_{风罩}$，风罩装置罩住的散发面积，单位 m²。

$$ER = F \times \frac{60}{1000} \times C \times \frac{A_{面源}}{A_{风罩}} \tag{3-4}$$

式中，ER，散发速率，单位 mg/s；F，汇流后的异味气体流量，单位 L/min；C，异味物质的质量浓度，单位 mg/m³；$A_{面源}$，被动面源的异味散发面积，单位 m²；$A_{风罩}$，风罩装置罩住的散发面积，单位 m²。

　　被动面源的散发流量低，无法依靠自身散发动力填充采样装置，因此一般使用通量室采样器或风洞采样器进行样品采集。

　　通量室采样器是在罩式采样器的基础上，在装置底部开口，引入洁净空气或者氮气作为吹扫气，利用洁净空气或者氮气的气流将面源散发的异味气体载带进入气袋等收集装置中，如图 3-2 所示。通量室采样器中的吹扫气气流常采用环形布气方式，流量根据面源的散发情况设定，一般多在 0.1 ~ 5L/min 选取。吹扫气流量的大小会直接影响面源的异味散发速率[2]。

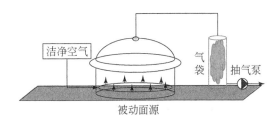

图 3-2　通量室采样器的原理示意图

　　风洞采样器的基本原理与通量室采样器相似，罩在被动面源上，并采用从左向右水平流动的洁净空气或氮气作为吹扫气，模拟实际环境中面源表层的自然风流动模式，载带从被动面源逸出的异味气体样品进入采样器尾端的收集装置，如图 3-3 所示[2]。

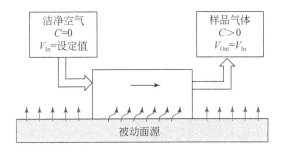

图 3-3　风洞采样器原理示意图

　　采用通量室采样器或风洞采样器采集被动面源散发的异味气体时，异味散发速率和异味物质的散发速率计算式分别为式（3-5）和式（3-6）：

$$\mathrm{OER} = F \times \frac{60}{1000} \times \mathrm{OC} \times \frac{A_{面源}}{A_{通量室/风洞}} \tag{3-5}$$

式中，OER，异味散发速率，单位 ou/s；F，吹扫气流量，单位 L/min；OC，异味浓度，单位 ou/m³；$A_{面源}$，被动面源的异味散发面积，单位 m²；$A_{通量室/风洞}$，通量室或风洞装置罩住的散发面积，单位 m²。

$$\mathrm{ER} = F \times \frac{60}{1000} \times C \times \frac{A_{面源}}{A_{通量室/风洞}} \tag{3-6}$$

式中，ER，散发速率，单位 mg/s；F，吹扫气流量，单位 L/min；C，异味物质的质量浓度，单位 mg/m³；$A_{面源}$，被动面源的异味散发面积，单位 m²；$A_{通量室/风洞}$，通量室或风洞装置罩住的散发面积，单位 m²。

需要注意的是，当面源的面积较大而各处的散发特征不均一时，需要在散发特征有差异的地方分别布设采样装置，然后计算面源整体的异味散发速率。

体源是一类特殊的无组织排放源，指具有多排放口的立体非集中排放源。例如异味气体从一栋大楼的多个通风口或门窗向外排放。体源的各个通风口的排放情况有可能并不一致，对异味散发速率的测定较为复杂。如果体源内的异味气体混合较为均匀，可以在体源内采集代表性的空气样品，然后通过示踪气体法测定体源向外排放气体的速率，参考点源采样技术计算异味散发速率。

对于无组织排放源，除了对污染源本身进行异味采样之外，还应在其下风向厂界位置布设采样点。雨雪天气时，污染物会被吸收，影响采样的代表性，不宜开展无组织排放源的采样。

3.1.5　环境空气采样点的布设

环境异味空气采样点的位置可以通过现场踏勘、调查等方式确定。采样点周围应尽量开阔，不应有阻碍环境空气流通的障碍物。当需要设置多个采样点时，各采样点的采样条件应尽可能一致或标准化。采样点的数量需要根据采样目的设定，对于地形和气象条件复杂的污染源和周边区域，要多布置一些采样点。采样点的布设位置通常可采用经验法、统计法、模拟法等进行设置[3]。

经验法是常用的一类方法，特别是对尚未建立监测网或监测数据积累较少的区域，经常需要采用经验法确定采样点的位置，具体的方法如下。

（1）功能区布点法

功能区布点法适用于具有不同功能类型的区域，多用于区域性的常规监测。例如，居住区、商业区、交通区、文化保护区等具有不同功能的地区，需要分别进行采样分析。对于不同功能的分区，采样数量不要求平均，在污染集中的区域应多设采样点。

（2）网格布点法

网格布点法将待采样区域划分为若干个均匀的网状方格，采样点布设在两条直线的交点或网格的中心。网格大小根据污染程度、人口分布等因素确定。网格布点法可以较好地反映异味污染的空间分布。

（3）同心圆布点法

同心圆布点法需要先找出异味污染源的中心，然后以此为圆心作若干个同心圆，再从圆心作若干条放射线，在同心圆与放射线的交点位置设置采样点。靠近圆心区域的同心圆间距应设置得小一些，远离圆心的区域同心圆间距可适当增大，以提高采样效率。还可以结合气象信息，在主导风向的下风向多设置一些采样点以提高采样效率。

（4）扇形布点法

扇形布点法主要适用于主导风向明显的区域。扇形布点法是以异味污染源为顶点，以主导风向为轴线，在下风向区域作出一个扇形区域作为采样点的布设范围。扇形区域的顶角一般为 45°～90°，采样点设置在扇形区内距离顶点不同距离的若干弧线上，相邻两点与扇形顶点连线的夹角一般取 10°～20°，并在上风向设置对照点。靠近顶点区域的弧线应设置得密集一些，远离顶点时弧线间距可适当增大（图 3-4），以提升采样效率。

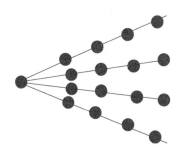

图 3-4　扇形布点法示意图

以上几种经验法应用比较广泛，在实际工作中，为了使采样点布设更加完善合理，往往采取以一种布点法为主，兼用其他方法的综合布点法。

统计法一般适用于已积累了多年监测数据的区域。根据以往采样分析数据，通过统计分析方法对采样点进行优化设计。例如，如果某些采样点在以往长期内获得的数据都较为接近，则可以通过聚类分析等方法将结果接近的采样点聚为一类，只选择少数代表性的采样点。

模拟法是根据污染源的分布、污染物的散发速率、气象和地形资料，应用数学模型的方法预测污染物的时空分布，进而布设采样点。

3.1.6 采样时间与频次

采样时间是指每次采样开始到采样结束所经历的时间。采样频率是指在一个时段内的采样次数。采样时间和频率一般要根据具体的研究目的、污染物的排放与分布特征、分析方法的灵敏度等因素确定。例如，若需要获得异味污染物的 1h 平均浓度值，采样时间应不少于 45min；如果要获得异味污染物的日平均浓度值，累积采样时间应不少于 12h。

对于连续有组织排放源，应按照生产周期确定采样频次。生产周期在 8h 以内的，采样间隔不小于 2h；生产周期大于 8h 的，采样间隔不小于 4h。对于间歇有组织排放源，应在异味污染浓度最高时段采样。有组织排放源的样品采集次数应不少于 3 次，并取其最大测定值。

对于连续无组织排放源，应每 2h 采样一次，共采集 4 次，取其最大测定值。对于间歇无组织排放源，应在异味污染浓度最高时段采样，采样次数不少于 3 次，并取其最大测定值。

对于环境空气的异味采样，应根据现场踏勘、调查确定的时段采样，样品采集次数不少于 3 次，并取其最大测定值。

3.2 异味样品采集方法

根据获取样品的形态，异味气体样品的采集方法可以分为直接采样法和富集浓缩采样法。

3.2.1 直接采样法

直接采样法是指将异味气体直接采集在特定的气体收集容器内。直接采样法可以采集全组分异味样品，最大限度地保留异味样品的真实性。当采用感官分析方法测试异味气体样品的异味强度、异味浓度、愉悦度、可接受度等指标时，必须采用直接采样法采集全组分气体样品。当异味样品中异味污染物组分的化学浓度较高，或者所采用的仪器分析方法灵敏度较高时，也可用直接采样法收集一定量体积的异味气体样品用于化学浓度分析。直接采样法通常通过注射器、气袋、采气管、真空瓶等采样装置实现。

（1）注射器采样法

注射器采样是一种比较成熟的气体样品采集方法，常用 50mL 或 100mL 带惰性密封头的玻璃或塑料注射器。采样时，先用现场气体抽吸润洗注射器 2～3 次，然后抽取一定体积的异味气体样品，密封进气口，带回实验室分析（图 3-5）。注射器法采集的样品存放时间不宜过长，需尽快分析。

图 3-5　注射器采样法

（2）采气管采样法

采气管是两端具有旋塞的管式玻璃容器，其容积一般为 100～500mL。采样时，打开采气管两端的旋塞，将其中一端连接至抽气泵，另一端置于待采集的异味气体样品中。打开抽气泵，使样品气体流经采气管，当流经的样品气体体积达到采气管容积的 6～10 倍后，可认为管内原来的气体已被异味气体样品完全置换，此时迅速关闭采气管两端旋塞，完成采样（图 3-6）。采气管采集的样品存放时间不宜过长，需尽快分析。

图 3-6　采气管采样法

（3）气袋采样法

气袋采样法是一种常用的气体样品采集方法。选择低吸附、低释放、低渗透、化学惰性的材质制成柔性的气袋，容积规格一般为 0.1～10L。采样时，先用现场气体冲洗气袋2~3次，然后利用真空负压法或正压注入法将样品气体充入气袋完成采集。为了降低气泵和管路的干扰，推荐采用真空负压法采样。

真空负压法采样系统由真空箱、抽气泵、气体管路、气袋等部分组成，其工作原理如图3-7所示，将气袋置于气密性良好的真空箱内，气袋的进气阀门通过惰性材质的气体管路连接至箱外并延伸至采样点，采用外置的抽气泵抽走真空箱内的空气，使箱内形成负压，此时待采集的异味气体就会被自动吸入负压真空箱内的气袋中。真空负压法可以使异味气体样品沿着惰性材质的气体管路直接进入气袋，避免了样品与箱体、抽气泵等接触时产生干扰[5]。

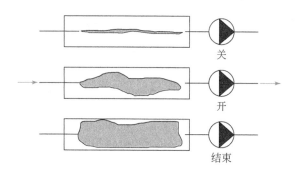

关

开

结束

图3-7　真空负压法采样原理示意图

正压注入法是利用注射器、正压泵等器具连接惰性材质的气体管路将异味气体样品直接注入气袋。

采样完成后，盛有异味样品的气袋需避光带回实验室，并尽快分析，一般应在采样当天完成分析。当环境温差较大时，还应采取保温措施。

(4) 真空罐（瓶）采样法

真空罐常用内表面经惰性处理的光滑金属材质制成，真空瓶一般用硬质光滑玻璃制成，能够耐受一定的压力，容积一般为0.5~5L（图3-8），配有进气阀门和真空压力表。采样前，先将真空罐清洗干净并将容器抽至真空（小于10Pa）。采样时有瞬时采样和恒流采样两种方式。瞬时采样是将真空采样罐带至采样点，安装过滤器后，打开采样罐阀门，开始采样，待罐内压力与采样点的大气压力一致后，关闭阀门，封闭采样口，完成采样。恒流采样时，将真空采样罐带至采样点，安装流量控制器和过滤器，打开采样罐阀门，开始恒流采样，恒流采样一定时间后，关闭阀门，封闭采样口。采用光滑材质的容器，并在容器内壁增加惰性涂层可以大幅降低真空罐容器对所采集异味样品的吸附干扰。

图 3-8　真空采样罐

3.2.2　富集采样法

由于异味物质在环境空气中的浓度一般比较低，大多处于 $\mu g/m^3 \sim mg/m^3$ 范围，直接采样法往往不能满足分析方法检出限的要求，因此经常需要用到富集采样法，以提升分析方法的灵敏度。富集采样法是在采样过程中使用吸收液或吸附剂等对空气中的异味组分进行富集浓缩。这种方法可以实现长时间、大体积采样，并大幅减少采样容器的体积，主要有溶液吸收法、填充柱阻留法、低温冷凝法等。

（1）溶液吸收法

溶液吸收法是指利用空气中待测组分能迅速溶解于吸收液或与吸收液迅速发生化学反应的原理，采集空气中气态污染物样品的方法。溶液吸收法是采集异味气体样品的常用方法，特别是用于采集硫化氢、氨气等低沸点异味物质。采样时，用抽气泵连接到盛有吸收液的吸收瓶的出气口，待采集的异味气体样品以一定的流量从盛有吸收液的吸收瓶的进气口吸入，异味气体样品在流经吸收液时，其中的某些目标物组分在吸收液中发生溶解或化学反应而被保留在吸收瓶中，而其他组分则不被保留从出气口排出。采样结束后，将吸收瓶密封并运回实验室，及时测定吸收液中目标物组分的质量，根据吸收液中组分的质量以及采样体积、采样时的温度和气压等参数计算样品气体中异味物质的浓度。

使用溶液吸收法要求吸收液对待测异味物质具有良好的吸收速率和吸收稳定性，最有效的方法是针对不同的目标物选用适宜的吸收液。常用的吸收液主要有水、水溶液、有机溶剂等，按照吸收原理可以分为物理吸附和化学反应两种类型。

物理吸附型吸收液是使异味气体分子溶解于吸收液中，例如用水作为吸收液，吸收空气中的氯化氢、甲醛等气体组分，用体积分数为 5% 的甲醇水溶液吸收有机农药气体分子等。化学反应型吸收液是基于吸收液与异味气体物质间的化学反应实现吸收。例如，使用稀硫酸作为吸收液采集空气中的氨气，氨与稀硫酸发生中和反应生成硫酸铵保留在吸收液中，氢氧化镉吸收液可与硫化氢气体发生中和与沉淀反应，类似的化学反应可以广泛应用于对异味气体的溶液吸收采样。理论和实践证明，伴有化学反应的吸收液的吸收速率远远高于单靠物理吸附作用吸收液的吸收速率。

总体上，吸收液的选择原则是：

与待采集的目标物质发生快速化学反应或对其具有较大的溶解度；

对所采集的目标物质具有足够的吸收稳定性，要有足够的稳定时间以满足后续分析测试的要求；

吸收目标物质后，应有利于下一步的分析测定；

毒性小、价格低、易于购买和使用，最好能回收利用。

吸收液与气体样品的接触面积和接触时间也是影响溶液吸收法效果的重要因素。选用结构细长的吸收瓶可以延长气体样品通过吸收液的接触时间，提高吸收效率，但采样阻力也会增大。此外还需要注意吸收瓶的瓶口应与瓶身密合，在采样前要进行气密性检测，防止漏气。采样过程中要控制适宜的吸收液体积和采样流量，以保证样品气体被吸收液充分吸收。一般溶液吸收法常用的采样流量是 $0.5 \sim 1.5\text{L/min}$。

(2) 填充柱阻留法

填充柱阻留法一般是选用一根长度 $6 \sim 10\text{cm}$、内径 $3 \sim 5\text{mm}$ 的玻璃或不锈钢材质的吸收管，管内填充一定体积的颗粒状或纤维状填充剂制成。采样时，抽气泵连接在吸收管的出气口，异味气体样品从进气口吸入，经过填充剂，使被测组分因吸附、溶解或化学反应等作用阻留在填充柱内的填充剂上，其他组分则从出气口排出，从而达到富集浓缩的目的。采样完成后，将吸收管运回实验室，通过溶剂解吸、热脱附或化学反应等方法使被测组分从填充剂上释放出来进行测定。根据阻留作用的原理，填充柱一般可以分为吸附型、分配型和反应型 3 种类型。

①吸附型填充柱：采用吸附型填充柱进行采样的方法也常称为吸附管采样法，是异味气体常用的富集采样方法之一。吸附型填充柱（吸附管）中的填料一般是颗粒状固体吸附剂，例如活性炭、碳分子筛、多孔有机聚合物、石墨化碳黑等，粒径一般为 $60 \sim 100$ 目，具有较大的比表面积，对异味气体物质具有良好

的吸附性能。固体吸附剂对异味气体物质的吸附可以分为物理吸附和化学吸附两种类型，相关的吸附原理将在第 8 章具体介绍。

一般来讲，吸附剂的吸附强度越强，采样效率越高，但解吸也会愈加困难。因此，在选择吸附剂填料时，要兼顾采样效率和解吸效率，针对不同类型的目标物选用合适的吸附剂。表 3-1 总结了常用固体吸附剂填料的特性以及适用的目标物类型[4,5]。

表 3-1 常用的固体吸附剂填料

类型	名称	吸附强度	最大使用温度（℃）	适用目标物类型
多孔有机聚合物	Tenax TA	弱	350	沸点 100~400℃ 正庚烷~正二十六烷
	Tenax GR	弱	350	沸点 100~450℃ 正庚烷~正三十烷
	Chromosorb 106	中	225~250	沸点 50~200℃ 正戊烷~正十二烷
	Chromosorb 102	中	250	沸点 50~200℃
	Porapak N	中	190	沸点 50~150℃ 正戊烷~正辛烷
	Porapak Q	中	250	沸点 50~200℃ 正戊烷~正十二烷
石墨化碳黑	Carbotrap CCarbopack CCarbograph 2TD250	非常弱	>400	正辛烷~正二十烷
	CarbotrapCarbopack B Carbograph 1TD	中~弱	>400	正戊烷~正十四烷
	Carbopack X	中	>400	正戊烷~正辛烷
	Carbograph 5TD	中	>400	正戊烷~正辛烷
碳分子筛	Spherocarb UniCarb	强	>400	沸点（-60℃）~80℃ 丙烷~正辛烷
	Carbosieve SIll	非常强	>400	沸点（-30℃）~150℃ 乙烷~正戊烷
	Carboxen 1000	非常强	>400	$C_2~C_3$
	Molecular Sieve 5A	非常强	350~400	沸点（-60℃）~80℃
	Molecular Sieve 13X	非常强	350~400	沸点（-60℃）~80℃
活性炭	活性炭	非常强	400	沸点（-80℃）~50℃

当异味气体样品中的异味组分数量较多，并且极性、沸点等性质差异较大时，为了提升采样吸附效率，通常会将几种具有不同吸附力的固体吸附剂组合应用，即按照吸附力由小到大的顺序依次填充到吸附管中。常用的组合方式有：Tenax TA 与石墨化碳黑 Carbopak B，石墨化碳黑 Carbopak B 与碳分子筛 Carbosieve 1000 等。

②分配型填充柱：分配型填充柱的填料是表面涂有高沸点有机溶剂液膜的惰性多孔颗粒，类似于气液色谱柱中的固定相，但其有机溶剂的涂渍量远大于色谱固定相。采样过程中，异味气体样品中的某些组分由于在有机溶剂液膜中分配系数较大而被保留在填料颗粒上实现富集。例如，采用涂渍有 5% 质量分数甘油的多孔硅酸铝载体填充剂可以对异味气体中有机氯农药组分实现高效富集采样。

③反应型填充柱：反应型填充柱的填料是由惰性多孔颗粒或纤维表面涂渍能与被测组分发生化学反应的试剂组成。采样时，使用抽气泵吸入异味气体样品流经反应型填充柱，样品中特定的异味组分会与填料上的试剂发生化学反应而被阻留，实现富集采样。采样后，将反应产物用适宜的溶剂洗脱或通过加热脱附进行测定。例如，氨气可以用表面涂渍硫酸的石英砂填充柱富集采样。

采用填充柱阻留法采集异味气体样品时，采样流量一般为 0.05 ~ 0.5L/min。如果样品中异味物质的浓度较低，可适当增大采样流量和采样时间以达到检测方法灵敏度的要求。如果样品中异味物质的浓度较高，则应减小采样流量和采样时间，以防产生穿透效应。为了防止穿透，在采集未知样品时一般需要先串联两支吸收管以检验在设定的采样流量及采样时间下是否会发生穿透效应。在实际使用过程中还应注意避免湿度、温度等条件的影响，尤其是当空气湿度较高时，需要合理控制采样体积，以免水分对填充剂的富集浓缩效果产生较大影响。温度对填充柱阻留法的采样效率也有明显影响，采样时不宜在高温环境下进行。

（3）低温冷凝法

有些异味气体组分由于沸点比较低，在常温下用固体填充剂富集效果不好，可以采用低温冷凝的方法提高采样效率。

低温冷凝法是将采样管置于低温冷阱中，当使用抽气泵抽动异味气体样品流经采样管时，目标组分因低温冷凝而凝结在采样管中，实现富集采样。采样结束后，将采样管低温转移至实验室，然后在常温或加热条件下使采集的目标组分汽化，进入检测仪器进行测定。

低温冷阱通常可由半导体制冷或制冷剂制冷的方法实现。半导体制冷通过帕尔贴效应可以实现零下几十度甚至零下一百度的低温。不同的制冷剂可以实现不同程度的制冷效果，常用的制冷剂有冰水混合物（0℃）、冰盐（-30℃ ~ -10℃）、干冰（-78.5℃）、液氧（-1835℃）、液氮（-196℃）等。

低温冷凝法可以大幅提升低沸点异味物质的采样效率，但使用过程中需要注意防止空气中的水蒸气在低温冷阱中结冰造成堵塞，以及结冰汽化时对检测仪器造成干扰。在采样管前安装选择性过滤器可以除去空气中的水蒸气等干扰组分，但需要注意的是，加装过滤器不应影响目标组分的采集。低温冷凝法在使用过程中需要注意气密性和冷热剧变时的安全性。

实际采集异味空气样品时，需要针对不同类型的异味气体和目标物组分选择合适的采样方法。我国《HJ 194—2017 环境空气质量手工监测技术规范》标准中规定了各种采样方法的使用范围和技术规范，在实际采样工作中可参考。

3.3　异味采样的仪器装置

采集异味气体时需要的仪器和材料主要包括采样动力装置、流量计、收集器、采样管路、阀门等。

采样动力装置一般使用抽气泵。根据采样所需的流量大小以及采样环境条件等因素选择适宜的抽气泵。抽气泵应该具有流量稳定、持续工作时间长、噪声小和轻便的特点。在进行小体积的直接采样或者没有适宜的抽气泵时，也可使用注射器、抽气筒等装置，通过手动抽动活塞的方式进行采样。

流量计是采样流量的测量装置，是计算采样体积不可或缺的部分。异味气体样品采集时常用的流量计有转子流量计、质量流量计等。转子流量计由一根自下向上扩大的锥形玻璃筒和一个金属转子组成。当气体由玻璃筒下端进入冲击转子时，转子下端收到的压力大于上端的压力，使转子上升，直至其上下两端所受压力之差与转子的重力相等时，转子停止不动。气体的流量越大，转子升得越高，因此可从转子的高度位置读出所测气体的体积流量，再结合采样时间计算出采集样品的体积。采样时，需要注意记录测量时的温度、气压等环境参数，然后将所测算的样品体积换算为标准状况下的体积。换算公式为：

$$V_s = V \times (P / P_s) \times (T_s / T) \tag{3-7}$$

式中，V_s，标准状况的采样体积，L 或 m³；V，采样时测量的样品体积，L 或 m³；P，采样时测量的大气压，kPa；P_s，标准状况的大气压，101.325kPa；T_s，标准状况的温度，273K；T，采样时的温度，K。

质量流量计是基于科里奥利力原理直接测量通过流量计的介质的质量流量，不受测量时的温度、压力等因素影响，测量精度高，响应速度快，是一类重要的精密流量计。

收集器是指收集所采集的异味空气样品的装置或容器，例如前述介绍的气袋、真空罐（瓶）、吸收瓶、填充柱、低温冷凝采样管等。

收集器、采样管路、阀门等是异味气体样品传输和存储的重要装置，为了避免异味气体样品在采样过程中发生损耗或变性，对收集器、采样管路、阀门等装置和材料的性质有以下基本要求。

①化学惰性：不应与样品中的组分发生化学反应；

②无味：不应释放气味物质至样品中；

③低渗透性：避免样品气体分子渗透损失或外界的气体分子渗入产生干扰；

④低吸附：避免对采集的样品组分产生吸附作用；

⑤坚固：具有一定的强度，能够满足野外采样工作需求；

⑥表面光滑：减小与样品组分间的物理或化学作用。

目前常用的异味气体收集器和采样管路、阀门材料包括：聚四氟乙烯（PTFE）、聚氟乙烯（PVF）、聚对苯二甲酸乙二醇酯（PET）等柔性材质，以及经惰性化处理的不锈钢、玻璃等钢性材质。《HJ 194—2017 环境空气质量手工监测技术规范》标准中对气体采样的管路、容器等列出了相关规定，实际采样工作中可以参照执行。

3.4　异味样品的运输与保存

异味气体样品采集后应尽快分析，以减小样品组分发生泄漏、渗透、吸附或化学反应等变化。用于仪器分析的异味气体样品，从采样至分析之间的运输和保存时间一般不超过 24h。用于感官分析的异味气体样品，应尽可能地减少样品的运输和保存时间，一般不超过 6h。

异味气体样品运输和保存过程中，应注意避光和避免高温，以免样品组分发生物理或化学变化。样品运输和保存的温度不能低于样品的露点，以免样品组分发生冷凝。

运输和保存时还需要注意防止样品容器破损，否则将会造成样品损失和运输工具污染。

3.5　异味样品的前处理

3.5.1　直接采集样品的前处理

直接采样法采集的气态异味样品可用于感官分析和仪器分析。

用于感官分析时，如果样品的浓度过高，需要采取预稀释的前处理，即将样品稀释至适合于进行感官分析的异味浓度范围。预稀释时需要使用洁净的中性无味气体作为稀释气，所采用的气袋、流量计、采样管路等都应满足 3.3 节中的相关规定与要求。

用于仪器分析时,一般可以直接注入分析仪器或通过预浓缩等前处理后注入分析仪器。直接注入分析仪器的方法其实并未对样品进行任何形式的前处理,属于典型的直接进样。例如,采用气密性进样针或者六通阀定量管可以直接将气态异味样品注入气相色谱分析仪,进样体积一般为 0.1~10mL。另一种方式是对所采集的气态样品进行低温富集等预浓缩前处理。例如,我国《HJ 759—2015 环境空气 挥发性有机物的测定 罐采样/气相色谱-质谱法》标准方法规定了罐采样-冷阱浓缩-热脱附-气质联用分析的检测方法流程,使用冷阱对真空罐采集的气态样品中的特定目标组分进行低温冷凝富集,然后通过快速加热脱附的方法实现目标组分的快速浓缩进样,大幅提升检测方法的灵敏度。柔性气袋中采集的气态样品也可以参考该方法进行冷阱浓缩-热脱附处理,以提升分析方法的灵敏度。

3.5.2　溶液吸收样品的前处理

溶液吸收法是一种常用的异味气体富集采样方法,所得到的吸收液通常采用分光光度法进行分析。这类吸收液在进行光度法测量之前,所需要的前处理操作是进行特征性的显色反应。通过控制酸度、添加掩蔽剂等方法去除干扰组分的影响,添加显色剂,调整反应温度和时间使吸收液发生特定的显色反应。这些前处理操作是对吸收液样品进行显色分析的前提和关键。例如,在对环境空气中的硫化氢进行采集测定时,碱性氢氧化镉悬浮液作为吸收液与硫化氢反应生成硫化镉沉淀,同时吸收液中还加入了聚乙烯醇磷酸铵降低硫化镉的光分解作用。测试时,在硫酸溶液中硫化镉反应成硫化氢与对氨基二甲基苯胺溶液和三氯化铁溶液作用,生成亚甲基蓝,在波长 665nm 处测定吸光度。在对环境空气中的氨进行采集测定时,氨被稀硫酸吸收液吸收后,生成硫酸铵。在亚硝基铁氰化钠存在下,铵离子与水杨酸和次氯酸钠反应生成蓝色络合物,在波长 697nm 处测定吸光度。吸光度与氨的含量成正比,根据吸光度计算氨的含量。

3.5.3　吸附型填充柱采集样品的前处理

采用吸附型填充柱采集异味气体样品的方法也常称为吸附管采样法,是异味气体样品常用的富集采样方法之一。吸附型填充柱(吸附管)采集的异味气体样品在分析之前需要的前处理操作是将样品组分进行脱附,常用的脱附方法有热脱附和溶剂洗脱解吸[6]。

(1)热脱附

热脱附是将采样后的吸附管进行加热,使异味气体组分从吸附剂上脱附并进入分析仪器的处理方法。热脱附一般可分为一级热脱附和二级热脱附。

在一级热脱附方法中,吸附管加热时,从吸附剂上脱附的异味气体组分被载气直接送入气相色谱等仪器中进行分析。一级热脱附方法的进样体积较大，进样时间长，适用于搭载填充柱或大口径毛细管柱的气相色谱系统，所得到的色谱峰一般较宽，分离度较低，难以用于复杂样品的分析。

二级热脱附是在一级热脱附的基础上将一级脱附得到的异味气体组分再次进行吸附-脱附，然后由载气将第二级脱附后的组分带入气相色谱等仪器中进行分析。第二级吸附一般使用少量的吸附剂（20~50mg）在低温下（-30~-10℃）进行。第二级脱附则是通过快速加热实现，并由少量的载气将脱附的样品快速送入气相色谱系统中进行分析，还可以通过分流等方式减少水分对分析方法的影响。二级热脱附方法的进样体积小，进样速度快，受异味空气样品中水分的影响小，适用于搭载各种毛细管柱和填充柱的气相色谱系统。

（2）溶剂洗脱

溶剂洗脱常用于不易脱附的吸附剂，例如活性炭。活性炭对异味气体物质具有良好的吸附性且不易进行热脱附，因此活性炭吸附剂采集的异味气体组分通常选择溶剂洗脱法进行脱附。将采样完成后的活性炭吸附剂从吸附管中转移至二硫化碳等适宜的溶剂中进行浸泡或振荡以达到吸附-脱附平衡，活性炭上吸附的异味组分脱附至溶剂中形成洗脱液，然后使用微量进样针吸取0.1~1μL洗脱液注入气相色谱系统中进行分析。溶剂洗脱的前处理方法操作简单，不需要特殊的设备，但洗脱需要使用一定体积的溶剂，且耗时较长。

3.5.4　反应型填充柱采集样品的前处理

反应型填充柱中采集的异味气体组分是与填充剂发生了化学反应而被保留，并且多数为酸碱反应，在对其进行前处理时也应遵循相应的化学反应原理。例如，采用涂渍草酸的玻璃珠作为填充剂采集空气中的三甲胺异味气体后，需要对其进行的前处理是：向填充柱中注入饱和氢氧化钠溶液和氮气，使被保留的三甲胺游离成气体并进入抽真空的玻璃瓶中，然后采用进样针抽取1~2mL注入气相色谱系统中进行分析。

参 考 文 献

[1] 沈培明，陈正夫，张东平. 恶臭的评价与分析. 北京：化学工业出版社，2005.

[2] 吴传东，刘杰民，刘实华，等. 气味污染评价技术及典型垃圾处理工艺污染特征研究进展. 工程科学学报，2017，39（11）：1670-1616.

[3] 奚旦立. 环境监测. 北京：高等教育出版社，2019.

[4] Andrew S Brown, Adriaan M H van der Veen, Karine Arrhenius. Sampling of gaseous sulfur-containing compounds at low concentrations with a review of best-practice methods for biogas and

natural gas applications. TrAC Trends in Analytical Chemistry, 2015, 64: 42-52.

[5] Laura Capelli, Selena Sironi, Renato Del Rosso. Odor sampling: techniques and strategies for the estimation of odor emission rates from different source types. Sensors, 2013, 13: 938-955.

[6] Maria Rosa Ras, Francesc Borrull, Rosa Maria Marcé. Sampling and preconcentration techniques for determination of volatile organic compounds in air samples. TrAC Trends in Analytical Chemistry, 2009, 28: 347-361.

第4章 异味污染感官分析

异味污染兼具化学污染和感官污染双重属性。从污染的影响和危害的角度来看，异味污染首先是对人的嗅觉感官造成刺激，进而对人造成心理伤害甚至身体伤害。因此，感官评价是分析异味污染程度最直接有效的方法，也是目前世界各国评价异味污染程度的主要标准方法。本章将介绍异味污染感官分析的基本原理和基础概念，以及感官分析的指标体系和具体的评价方法。

4.1 嗅觉感知基本原理

气味是指嗅觉器官在闻嗅化学物质时所感知的感官特性。从更深层次上讲，气味是嗅觉受体识别挥发性化学物质而引起的大脑反应，涉及复杂的嗅觉感知原理。

20世纪50年代以来，研究人员从不同的角度对人类的嗅觉感知过程和原理进行探究，先后提出了几十种嗅觉感知理论，例如，立体化学理论、振动理论、酶理论等，试图找到一种对气味和嗅觉的合理解释。但是，这些理论大多仅是未经实践证实的假说，并没有足够的论据能够说服其他理论，也没能阐明嗅觉感知和嗅觉辨别的深层机理[1,3]。

随着蛋白质研究的发展，1979年 Steven Price 及其合作者在嗅上皮发现了一种能与苯甲醚结合的蛋白质。此后，一系列能够与气味物质结合的蛋白质相继被发现。1991年，美国科学家 Richard Axel 和 Linda Buck 发现了一族跨膜蛋白，并认为它们就是气味的受体，同时发现了某些可对气味受体进行编码的基因，极大地推动了嗅觉器官结构和嗅觉感知机理研究的发展[12]。

人的嗅觉器官由外鼻孔、鼻中隔、鼻甲、内鼻孔等部分组成。在鼻中隔和鼻甲的部分区域覆盖有一层嗅上皮，也就是对气味识别起关键作用的嗅觉感受区。如图4-1所示，嗅上皮由基底细胞、支持细胞和嗅觉感受神经元（也称嗅觉感受细胞或嗅觉受体细胞）等不同类型的细胞组成，表面覆盖有一层黏液层[8]。

嗅觉感受神经元（OSN）是双极神经元，其无髓鞘轴突端聚集形成嗅神经，穿过筛板并投射至嗅球（OB）。嗅觉感受神经元的另一端向鼻腔上皮表层投射一个孤立的树突，树突末端膨大呈球状，称为嗅结节，直径为 $1\sim2\mu m$。嗅结节位于黏液层中的部分，表面具有大量的纤毛，长度约为 $30\sim200\mu m$，分散在黏液层中，纤毛增大了嗅觉感受神经元的表面积，其表面具有嗅觉受体（OR）蛋白和

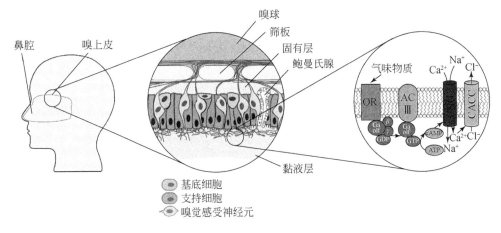

图 4-1　人类嗅觉系统结构

环核苷酸门控离子通道（CNG 离子通道）等信号元件，是嗅觉感知的重要结构。每个嗅觉感受神经元会表达一种特定的嗅觉受体。嗅觉受体是细胞膜上的一类能被气味分子激活的受体蛋白，属于 G 蛋白偶联受体（GPCR）。

　　当气味物质分子随呼吸进入鼻腔到达嗅上皮区域时，一部分气味物质分子会被嗅上皮的黏液层吸收，然后被黏液层中的气味结合蛋白（OBP）运输至嗅觉感受神经元的纤毛附近，激活嗅觉受体，触发嗅觉感受神经元内的级联反应，将气味物质分子化学信号转化为电信号，传递至大脑皮层形成嗅觉感知。

　　具体地，当气味物质分子激活嗅觉受体后，嗅觉受体活化其所偶联的 G 蛋白，激活腺苷酸环化酶（AC），随后腺苷酸环化酶将腺苷三磷酸（ATP）转化为环腺苷酸（cAMP）。环腺苷酸是细胞内第二信使，可以使细胞纤毛膜上的 CNG 离子通道打开，使细胞外的钙离子（Ca^{2+}）内流，细胞膜去极化并产生阳离子动作电位。细胞内钙离子浓度的增加会促使纤毛膜上的氯离子（Cl^-）通道开放，引起氯离子外流，产生氯离子动作电位，并且具有比初级阳离子动作电位的电信号更高的信噪比。动作电位信号沿着嗅觉神经元轴突传导至嗅球。嗅球是气味信息传递和整合的一级中转站，电位信号在嗅球中修饰处理后，由僧帽细胞传递至大脑皮层，解码形成不同的气味感知，诱发相应的行为和反应，并在大脑的特定部位存储起来。当再次闻到该气味物质时，所得到的信息会与大脑中存储的气味信息进行对比，从而确定闻到气味的特性[1]。

　　对于重复性的气味刺激，其引发的嗅觉感受神经元级联反应必须被迅速终止。嗅觉感受神经元内的级联反应是靠钙离子与钙调蛋白的结合作用实现终止。当细胞内钙离子的浓度持续升高后，钙离子会与钙调蛋白结合，使纤毛膜上的环核苷酸门控离子通道关闭，终止嗅觉感受神经元内的级联反应和信号传导过程。

嗅觉受体是气味感知和气味识别的关键。2004 年，Richard Axel 和 Linda Buck 由于发现了嗅觉受体在气味识别中的作用，并揭示了人类嗅觉系统组织方式，获得了诺贝尔生理学或医学奖。每个嗅觉受体都是由一个单独的基因表达。目前发现的人类嗅觉受体基因库中有 851 个嗅觉受体基因，占人体基因总数的 3% 左右。嗅觉受体基因在进化过程中出现了不同程度的假基因化，相当一部分已退化为假基因，仅留下约 350 个具有明显功能的嗅觉受体基因。相较而言，鼠类的嗅觉受体基因库中有大约 1300 个嗅觉受体基因，其中约 20% 退化为假基因，嗅觉受体基因的数量远多于人类；犬类大约有 970 个嗅觉受体基因；鱼类的嗅觉受体基因较少，仅约 100 个。

目前已知的嗅觉受体基因主要分为 I 型和 II 型两类。I 型基因嗅觉受体首先在鱼类和两栖类动物可接触水的鼻腔中发现，并且明显有别于陆生脊椎动物典型的 II 型基因嗅觉受体。对哺乳动物的研究发现，I 型基因嗅觉受体占比约 10%，假基因的比例小，主要识别水溶性气味物质；II 型基因嗅觉受体占比约 90%，主要识别空气中的挥发性气味物质，但 II 型基因有相当一部分已退化为假基因。哺乳动物 I 型基因嗅觉受体与鱼类的嗅觉受体具有最大额序列同源性，II 型基因嗅觉受体在进化过程中出现的时间与两栖动物的共同祖先进化的时间相应。与之相似的，非洲爪蟾的 I 型基因嗅觉受体只在充满水的鼻憩室中表达，II 型基因嗅觉受体则在充满空气的鼻憩室中表达，表明 II 型基因嗅觉受体可能是哺乳动物在进化过程中对陆地空气环境中气味物质进行识别所做出的适应。

目前的研究观点认为，每个嗅觉感受神经元只表达嗅觉受体基因库中的一种嗅觉受体基因，产生一种嗅觉受体。每个嗅觉受体可以与多种气味物质分子产生相互作用，一种气味物质分子也可以激活多个嗅觉受体，而且不同的气味可以被不同的嗅觉受体或者嗅觉受体组合进行识别。嗅觉感受神经元被气味物质分子激活后产生的神经信号先经过嗅球处理，然后传导至大脑皮层。嗅球是嗅觉系统中的第一个中继站，在嗅球的"嗅小球"中，气味物质分子激活嗅觉受体产生的神经信号从嗅觉感受神经元（初级神经元）传递至僧帽细胞（次级神经元），携带相同嗅觉受体的嗅觉感受神经元会将神经信号传递至相同的"嗅小球"僧帽细胞中。僧帽细胞对嗅觉神经信号进行压缩、放大等基本处理，然后通过外侧嗅束将信号从嗅球传递至更高级别的大脑皮层区域。气味物质分子与嗅觉感受神经元中嗅觉受体的交叉响应模式以及嗅球中的空间激活模式，使人类的嗅觉系统可以分辨成千上万种气味[1,4]。

4.2 异味感官分析基础知识

感官分析是指用感觉器官对样品的感官特性进行评价。由于异味污染是指异味物质引起人嗅觉器官产生不愉悦的嗅觉感知或嗅觉刺激而造成的污染，因此异味污染的感觉分析主要是指基于人的嗅觉感知能力对异味污染的类型、特征、频率和程度等特性进行分析测试和评价，因此也称为嗅觉感官分析或嗅觉分析[2]。

对异味样品进行嗅觉感官分析的一组气味评价员称为气味评价小组。气味评价小组通常由一名小组组长和若干名小组成员组成。小组组长负责气味评价小组的组建、培训和监督并管理小组测试活动，小组成员根据规定的方法进行嗅觉分析测试，也称嗅辨员。嗅觉分析需要在专门的实验室内进行，背景气味、噪声、换气率等参数需要满足相关标准的要求，以降低嗅觉分析过程中可能存在的环境干扰。

4.2.1　嗅觉阈值

嗅觉阈值是嗅觉分析方法中的一个重要概念，指异味物质刚好能够引起人嗅觉感知的最低化学浓度。嗅觉阈值通常包括觉察阈值和识别阈值。觉察阈值是指气味评价员的嗅觉器官刚好能够觉察到气味物质存在的最低化学浓度，识别阈值是指气味评价员不仅可以觉察，而且能对气味特征进行识别的最低化学浓度。

广义上讲，嗅觉阈值的定义既适用于某种气味物质，也适用于异味气体样品。对于某种气味物质，嗅觉阈值表示该物质稀释至仅有 50% 的概率被气味评价员嗅觉察觉或识别时的化学浓度。对于异味气体样品，嗅觉阈值表示该样品稀释至仅有50% 的概率被气味评价员嗅觉察觉或识别时的稀释倍数（或称稀释因子）。

在实际测定过程中，嗅觉阈值还有个人阈值和小组阈值之分。个人阈值是一名气味评价员按照既定的嗅觉分析方法测定的嗅觉阈值，而小组阈值则是一组气味评价员测定的嗅觉阈值经筛选检验后的几何平均值。需要注意的是，嗅觉阈值的数值受气味评价员、测试方法等因素影响。同一种物质的嗅觉阈值的数值会因不同的测试方法、不同的气味评价员小组以及不同的定义方法而出现差异。

人对不同异味物质的嗅觉敏感程度不同，因此嗅觉阈值的范围可以从 ng/m^3 至理论上的无穷大，即便排除被认为是无气味的物质（例如氮气、氧气、二氧化碳等），嗅觉阈值也有 11 个数量级以上的跨度范围。

4.2.2　嗅觉疲劳与嗅觉适应

嗅觉疲劳和嗅觉适应是嗅觉感官分析中的重要现象。当人以较长时间或高频率处于某种气味环境中时，人的嗅觉会发生疲劳、适应甚至丧失。嗅觉适应是指由于持续、重复的嗅觉刺激而使嗅觉器官的敏感性发生可逆性改变的现象。嗅觉疲劳是嗅觉适应的一种形式，具体表现为嗅觉敏感性降低。

嗅觉疲劳与嗅觉适应是一种自然的生理现象。古语"如入芝兰之室，久而不闻其香"就是对嗅觉疲劳现象的生动描述。当长期处于一种气味环境时，无论是香味还是臭味，都会使感受该气味的嗅觉敏感性降低。而离开这种气味环境并呼吸一段时间的洁净空气后，对该气味的嗅觉敏感性又将恢复。现代研究表明，当一次呼吸吸入较高浓度的异味物质后，就会降低受试者对相同异味的嗅觉敏感性达数十秒甚至几分钟。因此，研究嗅觉疲劳与嗅觉适应现象对异味污染的嗅觉感官分析具有重要的指导意义。事实上，异味污染的嗅觉分析方法中的许多具体规定都是基于嗅觉疲劳与嗅觉适应现象制定的。例如，嗅觉分析开始之前和测试间歇，气味评价员应在休息室进行嗅觉恢复，以免产生嗅觉疲劳。

嗅上皮中的基底细胞实际上是能够不断生成新的嗅觉感受神经元的干细胞，能够使嗅上皮每 2 ~ 4 周再生一次。由于具有这种再生能力，有害气体或物理损伤对嗅上皮造成的轻微损伤通常是暂时性和可修复的。但是，极端情况下的永久性损伤会造成嗅觉丧失，由于生理缺陷而导致对某些嗅觉刺激缺失敏感性也会成为嗅觉丧失，并且这种嗅觉丧失一般是不可逆的。

4.3　嗅觉分析指标体系

异味污染的嗅觉感官分析一般是从频率（frequency）、强度（intensity）、持续时间（duration）、厌恶度（offensiveness）和位置（location）等几个维度展开，按其首字母简称为 FIDOL 指标体系，如表 4-1 所示[9]。

表 4-1　嗅觉感官分析指标

指标	含义
频率	异味污染发生的频率，即异味污染程度超过限值的频率
强度	对异味强度或异味浓度的感知评价
持续时间	某次异味污染事件发生和持续的时段
厌恶度	对异味污染造成不愉悦程度的主观评价
位置	受异味污染影响的人员所处区域的敏感程度

4.3.1　强度

强度是评价异味污染程度最重要的指标之一。异味污染对人造成的嗅觉生理反应与该异味的强度息息相关。强度是一个统称的概念，具体可分为异味强度（odor intensity）和异味浓度（odor concentration）两种评价指标，分别描述异味的嗅觉感知强度和物理强度。

异味强度是指异味对人嗅觉系统造成的嗅觉刺激的强烈程度，是对异味强弱程度的一种直接描述，一般用连续的数字量级表示。异味强度的分级方法在不同的国家略有不同，比较常见的有阶段法、参考基准法等。异味强度的大小与异味样品中包含的异味物质的种类和化学浓度有关。对于某种异味物质来说，其产生的异味强度与化学浓度之间符合韦伯–费希纳定律［式（4-1）］[5]，即

$$OI = k \lg C + d \tag{4-1}$$

式中，OI，异味强度；C，无量纲的化学浓度；k，常数；d，常数。

异味浓度是指异味的物理强度。一般来讲，浓度是指对某种具体的物质在总量中所占的分量，脱离了具体的物质，浓度似乎没有具体意义。事实上，异味浓度是根据嗅觉分析方法对异味的大小予以数量化的指标，并与嗅觉阈值的概念相关联。在数值上，异味浓度等于用洁净空气稀释异味样品至异味刚好消失（嗅觉阈值）时的稀释倍数。在我国《空气质量 恶臭的测定 三点比较式臭袋法（GB/T 14675—93）》标准中，异味样品稀释至嗅觉阈值时的稀释倍数（无量纲数值）就是其异味浓度。在欧洲标准《EN 13725：2003 空气质量–动态稀释嗅辨仪法测试气味浓度》中，异味浓度指在规定的状态下，$1m^3$ 空气中的气味单位数，其单位为 ou/m^3。气味单位则是指挥发到 $1m^3$ 中性无味气体中能够恰好达到嗅觉阈值状态的气味的量，单位为 ou（odor unit）。因此，嗅觉分析中的异味浓度与化学分析中的化学浓度具有不同的含义。

一般来讲，异味浓度小于 $2\ ou/m^3$ 时很难被嗅觉识别，异味浓度在 $10ou/m^3$ 以内时能够引起的嗅觉感知都比较微弱。当异味浓度超过 $10 \sim 20ou/m^3$ 时，可以引起较为明显的嗅觉感知。但是，对于不同性质的异味物质或者不同组分的混合异味气体，由于其嗅觉灵敏度（异味强度随异味浓度对数变化的斜率）存在差异，会导致上述区分方法产生一定的偏差，这种偏差在高浓度区段表现得更为明显。

4.3.2　厌恶度

厌恶度（offensiveness）是指异味污染使人感受到厌恶的程度，可用愉悦度（hedonic tone）、气味可接受度（acceptability）、气味不满意率（percentage of odour dissatisfied people）等评价，详细方法将在 4.4 节中具体介绍。

4.3.3　频率

频率指异味污染发生的频率，一般用百分位数表示。异味污染频率与异味污染源散发特征、异味类型、周边区域的气象和地形条件以及受影响人员所处的位置等因素有关。总体上，异味污染暴露频率在污染源的下风向更高，在低风速等稳定扩散条件下尤为明显。异味污染频率是许多国家制定异味污染管理控制政策标准的重要依据，相关内容将在第 7 章具体讲述。

4.3.4　持续时间

持续时间指异味污染发生和持续的时间，例如一天中的几个小时，或者一年

中的几天。异味污染可以间歇地发生，也可以连续或者长时间地发生，持续时间不同对人造成的烦恼和伤害截然不同。异味污染持续时间的评价非常重要，也是许多国家制定异味污染管理控制政策标准的依据之一[12]。例如，美国奥克兰市和加拿大卡尔加里市的异味污染排放标准中规定，异味污染超过异味浓度限值的持续时间每年不得多于100h。美国阿勒格尼县规定异味浓度超过限值的持续时间每年不应超过50h。

4.3.5　位置

位置是指受异味污染影响的人员所处的地点或区域的性质，例如自然保护区、居民区、商业区、文化区、工业区、农村地区等。位置对于异味污染分析的重要性在于，它与该区域的人口规模、人员类型、生活习惯、暴露途径、暴露时长、健康状态、敏感程度等息息相关。

4.4　异味强度

异味强度表示异味对人嗅觉系统造成的嗅觉刺激的强烈程度，是对异味强弱程度的一种直观的描述，也称为气味强度，一般用连续的数字量级表示。异味强度的分级方法在不同的国家略有不同，比较常见的是阶段法和参考基准法。异味强度通常由气味评价小组测定。气味评价小组由一名小组组长和数名气味评价员组成。气味评价员在测试前应通过测试方法要求的筛选和培训。

4.4.1　阶段法

阶段法是使用一系列经过定义的数字量级来评判气味的强弱。应用比较广的阶段法分级方法有0～5级六阶段法、0～6级七阶段法等（表4-2）[6,11]。

表4-2　六阶段法与七阶段法气味强度等级

六阶段法		七阶段法	
等级	状态描述	等级	状态描述
0	无气味	0	无气味
1	非常弱	1	非常弱
2	弱	2	弱
3	明显	3	明显
4	强	4	强
5	非常强	5	非常强
		6	极强，不能忍受

我国目前在环境异味污染领域采用的异味强度阶段法主要是 0~5 级六阶段法，但在其他领域异味强度的评价方法并不统一。例如正在制定中的国家标准《建材产品的气味释放测试与分级 环境测试舱法》中采用的异味强度阶段法是 0~6 级七阶段法（表 4-2），GB 36246—2018《中小学合成材料面层运动场地》中对气味等级的评定是采用了 1~5 级五阶段法（表 4-3）。从本质上讲，0~6 级七阶段法是在 0~5 级六阶段法的基础上增加了第六级的描述。

表 4-3 1~5 级五阶段法气味强度等级

等级级别	状态描述
1 级	无气味
2 级	气味轻微，但可感觉到
3 级	有气味，但无强烈的不适性
4 级	强烈的不适气味
5 级	有刺激性的不适气味

使用阶段法测试样品的异味强度时，需要由 1 名小组组长和数名（一般至少 8 名）经过筛选和培训的气味评价员组成气味评价小组进行评价。在小组组长的指导下，一组气味评价员依次对异味气体样品进行嗅闻，根据所感受到的嗅觉刺激强烈程度与阶段法气味强度等级表中的状态描述进行匹配，并报出异味强度等级。

对于一组气味评价员测定的异味强度，一般在剔除异常值后计算算术平均值作为最终结果。如果平均值不是整数或半数等级，以最接近的整数或半数等级作为最终结果。以 0~6 级七阶段法为例，异味强度测试结果的表示方法见表 4-4。为了增加最终结果的准确度，可以对异味强度测定值的置信区间进行限定。例如，气味评价小组内成员全部完成测定之后，由小组组长计算所有气味评价员测试结果的算术平均值和 90% 置信度下的置信区间。如果置信区间半宽不超过 1 级，则准确度满足要求。如果准确度未达到要求，则应重新测试。

表 4-4 气味强度结果表示方法

个人气味强度结果的算术平均值 X（级）	最终表示结果（级）
$0 \leqslant X \leqslant 0.25$	0
$0.25 < X < 0.75$	0.5
$0.75 \leqslant X \leqslant 1.25$	1.0
$1.25 < X < 1.75$	1.5
$1.75 \leqslant X \leqslant 2.25$	2.0

个人气味强度结果的算术平均值 X（级）	最终表示结果（级）
$2.25 < X < 2.75$	2.5
$2.75 \leqslant X \leqslant 3.25$	3.0
$3.25 < X < 3.75$	3.5
$3.75 \leqslant X \leqslant 4.25$	4.0
$4.25 < X < 4.75$	4.5
$4.75 \leqslant X \leqslant 5.25$	5.0
$5.25 < X < 5.75$	5.5
$5.75 \leqslant X \leqslant 6.00$	6.0

注：半数等级表示介于相邻两整数等级之间的状态。

除了上述计算算术平均值的方法之外，有些方法会以所有气味评价员测试结果的中位数或众数作为最终结果。例如，GB/T 35773—2017《包装材料及制品气味的评价》等。

4.4.2　参考基准法

参考基准法（odor intensity referencing scales，OIRS）是通过将样品的气味与不同强度等级的参考基准气体进行比较来确定该样品的气味强度。美国材料测试协会推荐采用的异味强度测定标准方法是 ASTM E 544—10《阈上异味强度评价方法》。该方法选定一种特定的参考物质（一般为正丁醇），将参考物质按照2的幂次增加的浓度梯度稀释成一系列不同质量浓度的水溶液，并将稀释后的水溶液挥发出的气体作为异味强度级别的参考基准。按照参考基准的数量一般可以分为5级、8级、10级、12级，每个参考基准对应的正丁醇水溶液浓度如表4-5所示。

表4-5　各级参考基准对应正丁醇水溶液浓度

等级	正丁醇浓度（ppm）			
	12级	10级	8级	5级
1	10	12	12	25
2	20	24	24	75
3	40	48	48	225
4	80	96	96	675
5	160	194	194	2025
6	320	388	388	

续表

等级	正丁醇浓度（ppm）			
	12 级	10 级	8 级	5 级
7	640	775	775	
8	1280	1550	1550	
9	2560	3100		
10	5120	6200		
11	10240			
12	20480			

注：ppm=1×10^{-6}。

采用参考基准法测试异味强度时，需要由 1 名小组组长和数名（一般至少 8 名）经过筛选和培训并且通过校准测试的气味评价员组成气味评价小组进行评价。在小组组长的指导下，气味评价员依次对异味气体样品进行嗅闻，选择异味气体样品与参考基准中最接近的异味强度等级，然后嗅闻所选择的最接近的参考基准，并与异味气体样品进行对比。如果二者的嗅觉刺激程度匹配，则确定所选择的参考基准等级为样品的异味强度；如果不匹配，则重新嗅闻异味气体样品，然后重新选择最接近的参考基准，直至可以确定所选择的参考基准与异味气体样品的嗅觉刺激程度相匹配，然后报告最终所选定的参考基准的等级，作为异味气体样品的异味强度值。

气味评价小组内成员全部完成测定之后，由组长计算所有气味评价员测试结果的算术平均值和 90% 置信度下的置信区间。置信区间的允许范围受所选择的参考基准量级范围影响。对于 5 级的参考基准量级范围，如果置信区间半宽不超过 1 级，则准确度满足要求；如果准确度未达到要求，则应重新测试。我国《建材产品的气味释放测试与分级　环境测试舱法》采用不同浓度的丙酮气体作为参考基准法测试过程中的参考基准，并用 pi 作为异味强度等级的单位。异味强度 0pi 对应于 20mg/m³ 的丙酮–空气混合气体，异味强度 1～20pi 对应线性递增的系列丙酮–空气混合气体，丙酮浓度每增加 20mg/m³ 对应于异味强度增加 1pi，并且要求异味强度测试结果在 90% 置信度下的置信区间半宽不超过 2pi 方可满足要求。

4.5　异 味 浓 度

异味浓度是根据嗅觉分析方法对异味的大小予以量化的指标，并与嗅觉阈值的概念相关联。在数值上，异味浓度等于用洁净空气稀释异味样品至异味刚好消失（嗅觉阈值）时的稀释倍数。在欧洲标准 EN 13725：2003《空气质量–动态稀释嗅辨仪法测定气味浓度》中，异味浓度指在规定的状态下，$1m^3$ 空气中的气味单位数，其单位为 ou/m^3。气味单位是气味量的单位，在一定的测试条件下，异味物质被洁净中性气体稀释至 $1m^3$ 时有 50% 概率引起气味评价员产生嗅觉生理反应（恰好达到嗅觉阈值状态）的量为 1 个气味单位，单位为 ou（odor unit）。异味浓度是对异味污染程度的直观评价指标之一。异味浓度越大，表明该样品的异味污染程度越大。

异味浓度测定方法的基本原理是使用洁净空气将待测异味样品稀释至异味刚好消失（嗅觉阈值状态），此时的稀释倍数即为该样品的异味浓度。实际测试时，为了减小误差，通常是由一组气味评价员组成气味评价小组测定。当前世界各国用于异味浓度测定的主要嗅觉分析方法总结如表4-6所示。根据样品稀释方法的不同，一般可分为三点比较式臭袋法和动态稀释嗅辨仪法[9,10]。

表4-6　各国异味浓度测定标准方法

方法名称	颁布时间（年）	名称	主要使用地区
ASTM E 679—04	2010	Standard practice for determination of odor and taste thresholds by a forced-choice ascending concentration series method of limits	北美
EN 13725：2003	2003	Air quality：Determination of odor concentration by dynamic olfactometry	欧盟
AS/NZ 4323.3	2001	Stationary Source Emissions：Determination of odor concentration by dynamic olfactometry	澳大利亚、新西兰
GB/T 14675—93	1993	空气质量 恶臭的测定 三点比较式臭袋法	中国

4.5.1　三点比较式臭袋法

三点比较式臭袋法需要由 1 名小组组长和数名（一般至少 6 名）经过筛选和培训的气味评价员组成气味评价小组。根据 GB/T 14675—93《空气质量 恶臭的测定 三点比较式臭袋法》的规定，排放源采集的异味气体和环境空气中采集的异味气体样品在测试方法上略有差异。

（1）排放源异味样品

对于从排放源采集的异味样品，其异味浓度一般较高，小组组长按照 30 倍、100 倍、300 倍、1000 倍、3000 倍……从低到高的稀释梯度对样品进行稀释，得到浓度从高到低递减的待测样品气袋。每得到一个稀释梯度的待测样品气袋后，将其与另两个外观完全相同的空白气袋（内装与待测样品相同体积的洁净空气）

一起呈送给一名气味评价员进行嗅辨，气味评价员若从3个气袋中正确地辨别出样品气袋则为正解，否则为误解。当每名气味评价员都完成该稀释梯度样品的嗅辨测试后，继续稀释和嗅辨下一个更低浓度的样品。当有气味评价员判别错误（误解）时，即终止该气味评价员的测试；当一组气味评价员全部判别错误时则测试全部终止。

对于每一名气味评价员，其最后一次正确判别时的样品稀释倍数即为个人正解的最大稀释倍数（α_1），第一次错误判别时的样品稀释倍数即为其个人误解的最小稀释倍数（α_2），根据式（4-2）可计算各气味评价员的个人阈值（X_i）：

$$X_i = \frac{\lg\alpha_1 + \lg\alpha_2}{2} \tag{4-2}$$

式中，α_1，个人正解的最大稀释倍数；α_2，个人误解的最小稀释倍数。

舍去气味评价小组中个人阈值的最大值和最小值后，计算小组算术平均阈值（X），然后根据式（4-3）计算样品的异味浓度：

$$OC = 10^X \tag{4-3}$$

式中，OC，异味浓度，无量纲；X，小组算术平均阈值。

（2）环境空气异味样品的测试程序

对于从环境空气中采集的异味样品，由于异味浓度一般较低，其逐级稀释倍数选择10的倍数，其他测试步骤与排放源采集的异味样品一致，但需要重复测试3次。测试完成后，小组组长将该组气味评价员的测试结果代入式（4-4）计算小组平均正解率（M）：

$$M = \frac{1.00 \times a + 0.33 \times b + 0 \times c}{n} \tag{4-4}$$

式中：M，小组平均正解率；a，答案正确的人次数；b，答案为不明的人次数；c，答案为错误的人次数；n，解答总数（18人次）；1.00、0.33、0，统计权重系数。

当M值大于0.58时，继续按照10倍梯度扩大对异味气体样品的稀释倍数并重复上述嗅辨实验和计算，直至得到M_1和M_2。M_1为某一稀释倍数的平均正解率小于1且大约0.58的数值，M_2为某一稀释倍数平均正解率小于0.58的数值。然后根据式（4-5）计算样品的异味浓度：

$$OC = t_1 \times 10^{\alpha\beta} \tag{4-5}$$

$$\alpha = \frac{M_1 - 0.58}{M_1 - M_2}$$

$$\beta = \lg \frac{t_2}{t_1}$$

式中，OC，异味浓度，无量纲；t_1，小组平均正解率为 M_1 时的稀释倍数；t_2，小组平均正解率为 M_2 时的稀释倍数。

如果第一级 10 倍稀释样品的平均正解率≤0.58，则不继续对样品进行稀释嗅辨，其样品的异味浓度以<10 或=10 表示。

4.5.2　动态稀释嗅辨仪法

动态稀释嗅辨仪法是采用动态稀释嗅辨仪对异味气体样品进行连续自动稀释，并且大多采用从高到低的稀释梯度，得到浓度从低到高递增的稀释样品系列，呈送给气味评价员进行嗅辨。得益于近年来精密流量控制技术的提升，动态稀释嗅辨仪法的研究和应用得到了较大发展。

动态稀释嗅辨仪利用质量流量计、电子流量计等精密气体流量控制单元，精确地将目标物质与洁净空气按设定的比例自动进行逐级稀释，实现不同稀释梯度样品的连续输出，供气味评价员进行检测。常用的动态稀释嗅觉仪包括荷兰的 Plfaktomat 嗅觉仪、德国 Olfactometer TO8 嗅觉仪、美国的 AC'SCENT 嗅觉仪等。动态稀释嗅觉仪具有很高的精确度和重复性，大幅提高了稀释精度和操作连续性，在欧美等国家和地区的异味污染测试标准中广泛采用。欧盟标准委员会（CEN）颁布了 EN 13725：2003《空气质量–动态稀释嗅辨法测试气味浓度》标准，采用动态稀释嗅辨仪测定异味浓度和嗅觉阈值，该标准目前被多数欧盟国家采用。美国材料测试协会（ASTM）出台了使用动态稀释技术测定嗅觉阈值的标准方法 ASTM E 679—04《强制选择上升浓度梯度极限法测定嗅觉和味觉阈值》，测定的程度步骤与 EN 13725：2003 标准相似。澳大利亚和新西兰联合颁布了 DR 995306《空气质量–动态稀释嗅觉仪法测试气味浓度》、AS/NZ 4323.3《固定散发源–动态稀释嗅辨仪法测试气味浓度》作为两国共同的气味浓度测定方法[7]。

动态稀释嗅辨仪法需要由 1 名小组组长和数名（一般至少 5 名）经过筛选和培训的气味评价员组成气味评价小组。小组内所有气味评价员需要进行三轮测试（"一轮测试"是指气味评价小组中的所有气味评价员都按照稀释系列完成测试），第一轮测试结果舍弃，第二轮和第三轮评价结果参与最后计算。在测试开始之前，小组组长需要通过初步嗅辨建立合理的稀释系列，包含至少 5 个稀释梯度，各稀释梯度间的稀释倍数步进因子为 1.4～2.4。具体测试方法常用是/否法和强制选择法。

（1）是/否法

动态稀释嗅辨仪提供两路气体（可以由两个嗅辨口分别提供或单个嗅辨口切换提供），其中一路为参考气路，全程提供中性无味气体供小组成员参考；另一路作为测试气路，供气味评价员判断是否闻到气味。测试气路可能为稀释后的异味样品也可能为中性无味气体，稀释系列中不同稀释因子的异味样品按照随机顺序提供给小组成员。小组成员应在已知这种模式的情况下，对是否闻到气味做出判断。如果选择"是"，无论是否为异味样品，测试结论均为"Y"。如果选择"否"，无论是否为空白样本（中性无味气体），测试结论均为"N"。

当气味评价员连续 2 次判别为 Y 时则完成了一次测试，其最后一次错误判别或无法判别时的样品稀释倍数即为其个人误解的最小稀释因子（α_2），第一次正确判别时的样品稀释倍数即为其个人正解的最大稀释因子（α_1）。根据式（4-6）可计算该气味评价员的个人单次阈稀释因子（Z_{ITE}）。然后由下一名气味评价员按照相同的方法进行测定，直至小组内所有气味评价员都完成测试，并计算得出个人单次阈稀释因子（Z_{ITE}）。

测试过程中，小组组长应在每一名气味评价员的稀释系列中随机增设至少一个中性无味气体。如果某气味评价员对中性无味气体的测试结论超过 20% 为"Y"，则该气味评价员的结果不参与最终结果的计算。

气味评价员在每一个稀释梯度点嗅闻气味样本的时间不应超过 15s，两轮测试之间至少间隔 30s。

$$Z_{ITE} = \sqrt{\alpha_1 \times \alpha_2} \tag{4-6}$$

式中，Z_{ITE}，个人单次阈稀释因子，无量纲；α_1，个人正解的最大稀释因子，无量纲；α_2，个人误解的最小稀释因子，无量纲。

当气味评价小组内每名气味评价员都依次完成测试之后，小组阈稀释因子（$\bar{Z}_{ITE}$）为组内所有气味评价员个人单次阈稀释因子的几何平均数［式（4-7）］。

$$\bar{Z}_{ITE} = \sqrt[n]{Z_{ITE,1} \times Z_{ITE,2} \times \cdots \times Z_{ITE,n}} \tag{4-7}$$

式中，$\bar{Z}_{ITE}$，小组平均阈稀释因子，无量纲；$Z_{ITE,n}$，第 n 个气味评价员的个人单次阈稀释因子。

气味评价小组完成测试之后，还需对测试结果进行异常值检验并剔除异常值。一种常用的方法是通过计算筛选参数（ΔZ）剔除异常值。筛选参数（ΔZ）是个人单次阈稀释因子（Z_{ITE}）和小组阈稀释因子（$\bar{Z}_{ITE}$）的比率［式（4-8）和式（4-9）］。

$$如果 Z_{ITE} \geq \bar{Z}_{ITE}，则 \Delta Z = Z_{ITE} / \bar{Z}_{ITE} \tag{4-8}$$

$$\text{如果 } Z_{\text{ITE}} < \bar{Z}_{\text{ITE}} \text{，则 } \Delta Z = -\bar{Z}_{\text{ITE}}/Z_{\text{ITE}} \tag{4-9}$$

筛选参数（ΔZ）应符合 $-5 \leqslant \Delta Z \leqslant 5$。通过计算，舍弃掉气味评价小组中不符合 $-5 \leqslant \Delta Z \leqslant 5$ 的个人单次阈稀释因子。如果一个或多个气味评价员的个人单次阈稀释因子不符合要求，则排除 ΔZ 最大的气味评价员的所有个人单次阈稀释因子，重新计算 $\bar{Z}_{\text{ITE}}$ 后再进行 ΔZ 筛选。如果仍有一个或多个气味评价员的个人单次阈稀释因子不符合要求，继续排除 ΔZ 最大的气味评价员的所有个人单次阈稀释因子，重新计算 $\bar{Z}_{\text{ITE}}$ 后再进行 ΔZ 筛选。如此反复直至最后参与计算 $\bar{Z}_{\text{ITE}}$ 的所有人员的个人单次阈稀释因子全部符合要求为止。经过筛选后最少要有 4 名气味评价员的 8 个个人单次阈稀释因子结果参与最后计算。如果经过筛选后不能满足要求，需要由其他气味评价员在同一天对同一气味样品进行补充试验。

经剔除异常值后计算出的 $\bar{Z}_{\text{ITE}}$ 即为气味评价小组的最终小组阈稀释因子 $\bar{Z}_{\text{ITE,pan}}$。该待测样品的异味浓度按式（4-10）计算：

$$\text{OC} = \bar{Z}_{\text{ITE,pan}} \times 1\,\text{ou/m}^3 \tag{4-10}$$

式中，OC，异味浓度，单位 ou/m^3；$\bar{Z}_{\text{ITE,pan}}$，最终小组阈稀释因子。

是/否法的测试数据记录和处理示例如表 4-7 所示。

表 4-7　是/否法测定异味物质结果计算示例

气味评价员编号 / 稀释因子		1024	512	2048	空白	256	128	64	第一次筛选 Z_{ITE}	第一次筛选 ΔZ
第一轮	A	N	Y	N	N	Y	Y	Y		
	B	N	N	N	N	Y	Y	Y		
	C	N	N	N	N	Y	Y	Y	不参与计算	
	D	N	Y	N	N	N	Y	Y		
	E	N	N	N	N	N	Y	Y		
气味评价员编号 / 稀释因子		1024	512	256	64	128	空白		Z_{ITE}	ΔZ
第二轮	A	N	N	N	Y	Y	N		181	-2.0
	B	N	Y	Y	Y	Y	N		724	2.0
	C	N	N	N	Y	Y	N		181	-2.0
	D	N	N	N	Y	Y	N		181	-2.0
	E	N	N	N	Y	Y	<u>Y</u>		舍去	

续表

	稀释因子　气味评价员编号	256	128	512	空白	1024	64	第一次筛选	
								Z_{ITE}	ΔZ
第三轮	A	Y	Y	Y	N	N	Y	724	2.0
	B	Y	Y	N	N	N	Y	362	1.0
	C	Y	Y	N	N	N	Y	362	1.0
	D	Y	Y	Y	N	N	Y	724	2.0
	E	Y	Y	Y	<u>Y</u>	N	Y	舍去	
	$\overline{Z}_{ITE,pan}$							362	

注1：Y表示正解，N表示误解或无法判别，Z_{ITE}：个人单次阈稀释因子，ΔZ：筛选参数。

注2：从三轮嗅辨结果可以发现，气味评价员E在三轮测试过程中对空白选择了两次"Y"测试结论。气味评价员对空白气体的测试结论超过20%为"Y"时，则应舍去该成员的个人单次阈稀释因子结果。故气味评价员E的个人单次阈稀释因子结果不参与计算。小组平均阈稀释因子$\overline{Z}_{ITE}$=362，此时每名气味评价员的ΔZ均符合要求，故最终小组平均阈稀释因子为$\overline{Z}_{ITE,pan}$=362，则样品的异味浓度为362ou/m³。

（2）强制选择法

动态稀释嗅辨仪提供两路或多路气体（可以由多个嗅辨口分别提供或由单个嗅辨口切换提供），其中随机一路提供稀释后的异味样品，其他路提供中性无味气体。稀释系列中不同稀释因子的气味样本按照稀释因子降低的顺序提供给气味评价员。气味评价员应指出哪路气体带有异味样品，判别正确则记录为Y，判别错误或无法判别（无法判别是可选择猜测）均记录为N。与此同时，气味评价员还需选择确定性程度，分为确定、可能和猜测。选择"确定"表示非常确认该气路带有气味样本；选择"可能"表示基本确认该气路带有气味样本但无十足把握；选择"猜测"表示完全无法判断哪路带有气味样本，此情况下，就随机选择一路。

当气味评价员连续2次判别为Y时则完成了一次测试，其最后一次错误判别或无法判别时的样品稀释倍数即为其个人误解的最小稀释因子（α_2），第一次正确判别时的样品稀释倍数即为其个人正解的最大稀释因子（α_1）。然后按照与是/否法相同的流程计算个人单次阈稀释因子（Z_{ITE}）、小组阈稀释因子（$\overline{Z}_{ITE}$）并计算筛选参数（ΔZ）剔除异常值。

经剔除异常值后计算出的$\overline{Z}_{ITE}$即为气味评价小组的最终小组阈稀释因子$\overline{Z}_{ITE,pan}$。样品的异味浓度按式（4-10）计算。

强制选择法的测试数据记录和处理示例如表4-8所示。

表 4-8　强制选择法测定异味物质结果计算示例

稀释因子	32768	16384	8192	4096	2048	1024	512	256	128	第一次筛选		第二次筛选	
气味评价员编号										Z_{ITE}	ΔZ	Z_{ITE}	ΔZ
第一轮													
A		1	1	3	3	6	6						
B		1	1	1	2	4	6	6					
C		2	2	2	4	5	4	6	6	不参与计算		/	
D		2	2	3	6	6							
E		3	3	2	4	4	6	6					
F		2	1	4	4	4	6	6					
G		2	1	3	5	4	6	6					
H	2	4	6	6	6								
第二轮													
A		1	1	2	4	6	6			1448	-1.4	1448	1.0
B		1	1	2	1	3	5		6	362	-5.4	362	-4.0
C		2	1	2	3	2	6	6		724	-2.7	724	-2.0
D		1	2	4	6	6				2896	1.5	2896	2.0
E		2	3	2	6	6				1448	-1.4	1448	1.0
F		2	1	4	6	6				2896	1.5	2896	2.0
G		1	2	4	6	6				1448	-1.4	1448	1.0
H	4	6	6	6	6	6				23170	11.8	舍去	
第三轮													
A		1	1	2	6	6	6			2896	1.5	2896	2.0
B		1	1	2	1	6	6	6		1448	-1.4	1448	1.0
C		2	1	2	3	2	6	6		724	-2.7	724	-2.0
D		1	2	4	4	6	6			1448	-1.4	1448	1.0
E		2	3	2	6	6				2896	1.5	2896	2.0
F		2	1	4	3	6	6			1448	-1.4	1448	1.0
G		1	2	4	4	6	6			1448	-1.4	1448	1.0
H	4	4	6	6	6	6				11585	5.9	舍去	
$\overline{Z}_{ITE,pan}$										1961		1448	

注1：Y 表示正解，N 表示误解或无法判别，Z_{ITE}：个人单次阈稀释因子，ΔZ：筛选参数。

注2：计算小组平均阈稀释因子 $\overline{Z}_{ITE}=1961$，进行第一次异常值筛选。从筛选参数 ΔZ 计算结果发现，小组成员 H 和 B 在第二轮嗅辨时的 ΔZ 分别为 11.8 和 5.4，不满足 $-5 \leqslant \Delta Z \leqslant 5$ 的要求。故在第一次结果筛选中将 ΔZ 最大的气味评价员 H 的所有个人单次阈稀释因子舍去。舍去气味评价员 H 的嗅辨结果后，小组平均阈稀释因子 $\overline{Z}_{ITE,pan}=1448$，重新计算每位气味评价员的 ΔZ，此时所有气味评价员的 ΔZ 均符合要求，则最终小组平均阈稀释因子为 $\overline{Z}_{ITE,pan}=1448$，则样品的异味浓度为 $1448 ou/m^3$。

4.6　嗅觉阈值

嗅觉阈值指某种异味物质刚好能够引起人嗅觉感知的最低浓度，也称异味阈值或气味阈值，单位是 $\mu g/m^3$ 或 mg/m^3，也有资料中使用体积分数 ppb 或 ppm 作为嗅觉阈值的单位。嗅觉阈值的大小可以反映出物质引发嗅觉刺激或造成异味污染的能力，一种物质的嗅觉阈值越小，表明它能够在越低的浓度引发嗅觉刺激，即具备更强的异味污染能力。

嗅觉阈值测定方法的原理和异味浓度测定方法基本一致。首先取一定质量的待测物质，通过挥发等方法扩散至盛有一定体积洁净空气的柔性容器（例如气袋）中，形成具有某一初始浓度（c_0）的待测物质初始样品。然后由小组组长和一组经筛选和培训的气味评价员参照异味浓度测定方法，采用三点比较式臭袋法或动态稀释嗅辨仪法对其进行逐级稀释和嗅辨。获得气味评价员的个人阈值（三点比较式臭袋法）或个人单次阈稀释因子（动态稀释嗅辨仪法），经过数据检验后，计算小组算术平均阈值（X）或最终小组阈稀释因子（$\bar{Z}_{ITE,pan}$），然后根据式（4-11）或式（4-12）计算待测物质的嗅觉阈值：

$$c_{OT} = \frac{c_0}{10^X} \tag{4-11}$$

式中，c_{OT}，待测物质的嗅觉阈值，单位为 $\mu g/m^3$；c_0，待测物质的初始化学浓度，单位为 $\mu g/m^3$；X，小组算术平均阈值。

$$c_{OT} = \frac{c_0}{\bar{Z}_{ITE,pan}} \tag{4-12}$$

式中，c_{OT}，待测物质的嗅觉阈值，单位为 $\mu g/m^3$；c_0，待测物质的初始化学浓度，单位为 $\mu g/m^3$；$Z_{ITE,pan}$，最终小组阈稀释因子。

三点比较式臭袋法或动态稀释嗅辨仪法都是测定嗅觉阈值的常用方法。日本环境卫生中心 Yoshio Nagata 等基于"三点比较式臭袋法"测定了 223 种物质的嗅觉阈值（附表 1），是目前异味污染研究工作中广泛使用的基础数据库之一[10]。

嗅觉阈值分为觉察阈值和识别阈值，二者的测定方法基本相同，但判定气味评价员的个人正解的最大稀释因子和个人误解的最小稀释因子时的标准不同。觉察阈值是指气味评价员刚好能够觉察到气味物质存在的最低浓度，气味评价员只要能够通过嗅觉测定将含有待测物质的气体与空白的洁净空气区分开即可认为是正确检测到待测物质。识别阈值是指气味评价员不仅可以觉察而且还能对气味进行识别的最低浓度，在测定时要求气味评价员不仅能通过嗅觉将含有待测物质的气体与空白的洁净空气区分开，而且可以确切地对待测物质的气味进行识别和描述。因此，对于同种物质而言，其识别阈值高于觉察阈值。

4.7　愉　悦　度

愉悦度（hedonic tone）表示闻嗅某种气体样品时令人感觉愉悦或不愉悦的程度，可以在"非常愉悦"到"非常不愉悦"的范围之间划分连续的数字量级作为参考标尺进行评价（图4-2）。例如，采用"−4"到"+4"的标尺时，"−4"表示非常不愉悦，"0"表示中性，"+4"表示非常愉悦。

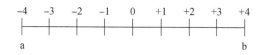

图4-2　愉悦度标尺

a-非常不愉悦；b-非常愉悦

测定愉悦度等级时，气味评价小组由1名小组组长和数名（一般至少8名）气味评价员组成。在小组组长指导下，气味评价员对异味样品进行嗅辨分析，气味评价员的鼻子应在距嗅辨口1~2cm处，嗅辨口应介于鼻子和上嘴唇之间。小组组长询问气味评价员："假设让你每天长时间身处于这样的环境中，空气质量的愉悦度如何？"评价人员根据自身感受，指出异味样品的愉悦程度或不愉悦程度处于"−4"（不适）至"+4"（愉悦）之间的位置，来评价异味样品的愉悦度。愉悦度评分最小单位为1。

小组组长记录气味评价员的结果，计算测试结果的算术平均值和90%置信度下的置信区间。如果置信区间半宽不超过1，则准确度满足要求。如果准确度未达到要求，则应重新制样测试，测试结果保留至小数点后一位。

4.8　气味可接受度

气味可接受度（acceptability）是用于评价气味的可接受程度的指标，可根据规定的评估等级，在"完全不能接受"到"完全可以接受"的范围内确定。一般使用"−1"到"+1"标尺，"−1"表示完全不能接受，"+1"表示完全可以接受。气味可接受度评分最小单位为0.05（图4-3）。

测定气味可接受度的气味评价小组由1名小组组长和数名（一般至少15名）通过基本嗅觉功能筛选的气味评价员组成。气味评价员在小组组长指导下对异味样品进行嗅辨分析，气味评价员的鼻子应在距嗅辨口1~2cm处，嗅辨口应介于

图 4-3　气味可接受度评分标尺

a-完全不能接受；b-刚好不能接受；c-刚好可以接受；d-完全可以接受

鼻子和上嘴唇之间。小组组长询问气味评价员"假设每天生活于这样的环境中，你认为空气质量的可接受程度位于"–1"到"+1"之间的哪个位置?"。

气味评价员根据自身感受指出可接受度在评分表上的位置，小组组长记录评价人员的评分结果。在 90% 置信水平下，所有气味评价员的置信区间半宽不应大于 0.2。否则应重新组织试验。当所有气味评价员完成测试后，用所有气味评价员评价结果的算术平均值表示异味样品的可接受度，结果保留至小数点后两位。

4.9　气味不满意率

气味不满意率（percentage of odour dissatisfied people，PD）表示对气味不满意的人数占总人数的比例。测试气味不满意率时的气味评价小组需要由 1 名小组组长和数名（一般至少 15 名）通过基本嗅觉功能筛选的气味评价员组成。

测试时，气味评价员在小组组长的指导下对异味样品进行嗅辨分析，气味评价员的鼻子应在距嗅辨口 1～2cm 处，嗅辨口应介于鼻子和上嘴唇之间。气味评价员依次嗅闻异味气体样品，小组组长向气味评价员提出问题："想象一下，你在日常生活中暴露于这种气味的空气中，是否可以接受?"

气味评价员根据嗅闻结果和自身感受，回答"是"或"否"。所有气味评价员完成测试后，按式（4-13）进行计算气味不满意率 PD 值，结果四舍五入保留值整数位：

$$PD = (n_d/n) \times 100 \qquad (4\text{-}13)$$

式中，PD，气味不满意率，%；n_d，回答为"否"的人数，单位为人；n，气味评价小组的总人数（$n \geqslant 15$），单位为人。

参 考 文 献

[1]（德）安德莉亚·比特纳. 施普林格气味手册（中）. 王凯，等译，北京：科学出版社，2020.

[2] 李伟芳. 异味污染的感官表征与暴露评估方法. 北京：化学工业出版社，2020.

[3] 沈培明，陈正夫，张东平. 恶臭的评价与分析. 北京：化学工业出版社，2005.

[4] 王平，庄柳静，秦臻，等. 仿生嗅觉和味觉传感技术的研究进展. 中国科学院院刊，

2017, 32 (12): 1313-1321.

[5] 吴传东. 异味活度值系数法及其在垃圾场异味评价中应用研究. 北京: 北京科技大学博士学位论文, 2017.

[6] Gwenaelle Haese, Philippe Humeau, Fabrice De Oliveira, et al. Tastes and odors of water-quantifying objective analyses: a review. Critical Reviews in Environmental Science and Technology, 2014, 44 (22): 2455-2501.

[7] Jim A Nicell. Assessment and regulation of odour impacts. Atmospheric Environment, 2009, 43: 196-206.

[8] John W Cavea, J Kenneth Wickisera, Alexander N. Mitropoulos. Progress in the development of olfactory-based bioelectronic chemosensors. Biosensors and Bioelectronics, 2019, 123: 211-222.

[9] Marlon Brancher, K David Griffiths, Davide Franco, et al. A review of odour impact criteria in selected countries around the world. Chemosphere, 2017, 168: 1531-1570.

[10] Nagata Y, Takeuchi N. Measurement of odor threshold by triangle odor bag method. Odor Measurement Review, Office of Odor, Noise and Vibration Environmental Management Bureau, Ministry of the Environment, Government of Japan, Tokyo, Japan, 2003: 118-127.

[11] Raquel Lebrero, Lynne Bouchy, Richard Stuetz, et al. Odor assessment and management in wastewater treatment plants: a review. Critical Reviews in Environmental Science and Technology, 2011, 41 (10): 915-950.

[12] Vincenzo Belgiorno, Vincenzo Naddeo, Tiziano Zarra. Odour Impact Assessment Handbook. United Kingdom: WILEY, 2012.

第 5 章　异味污染仪器分析

感官分析可以通过测定异味强度、异味浓度、愉悦度等指标对异味污染的程度和特征进行直观的评价，但若要进一步分析异味污染的组成，就必须要进行化学成分分析。掌握异味污染物的化学组分和含量，可以确定异味贡献较大的关键致臭物质，分析异味污染的形成机制，建立有效的异味污染溯源和控制方案。

由于异味污染来源广泛，组成复杂，典型环境散发的异味混合物中的化学组分常常多达几十甚至上百种，浓度水平相差悬殊，分子结构各不相同，分析其化学组成是一个非常复杂的问题，需要借助多种仪器分析方法来完成。本章将对异味污染的常用仪器分析方法进行介绍。

5.1　气相色谱法和气相色谱–质谱联用法

异味物质除了氨、硫化氢、二氧化氮等少数无机化合物之外，绝大多数都是有机化合物，并且大多具有挥发性或半挥发性。气相色谱法对有机物，特别是具有一定挥发性的有机物进行分离分析的优势已为广大分析化学工作者所熟知和认同。因此，气相色谱法和气相色谱–质谱联用法已成为异味污染成分分析最常用的仪器分析方法。

5.1.1　气相色谱法

气相色谱法是采用气体作为流动相的一种色谱法，适用于沸点低于400℃的有机或无机样品的分离分析，包含大多数的异味气体物质。气相色谱仪是异味污染仪器分析的首选仪器（图5-1）[4]。

图 5-1　气相色谱仪

（1）气相色谱法的基本原理

气相色谱法的基本原理是，混合物中的各物质（组分）在相对运动的两相（流动相和固定相）间进行反复多次分配，由于各物质具有不同的分配系数而在分配过程中实现彼此分离，然后依次进入检测器进行定性和定量分析。

（2）气相色谱法的分析流程

气相色谱法是使用气相色谱仪来实现多组分混合物分离和分析的方法，其分析流程如图 5-2 所示。气相色谱仪主要包括载气系统、进样系统（包括进样器和汽化室）、色谱柱系统、检测器、信号记录系统等组成部分。

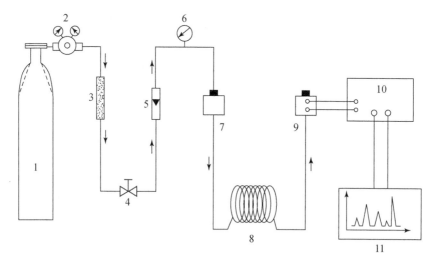

图 5-2　气相色谱仪流结构与分析流程示意图

1-载气钢瓶；2-减压阀；3-净化干燥管；4-针形阀；5-流量计；6-压力表；7-进样器和汽化室；

8-色谱柱；9-检测器；10-放大器；11-记录仪

载气由高压钢瓶或气体发生器供给，经减压、干燥、净化和流量测量后进入汽化室。异味样品通过注射器、六通阀、热脱附仪等装置注入汽化室的进样口并瞬间汽化，被载气带入色谱柱中进行分离。分离后的各个组分从色谱柱尾端流出并继续被载气依次带入检测器。检测器将组分的浓度或质量信号转变为易测量的电信号（电压或电流），必要时将信号放大，由信号记录仪记录下各组分产生的响应信号随时间的变化量，从而获得一组峰形曲线，称为气相色谱流出曲线，色谱峰（峰值信号）出现的时间称为保留时间。

在异味样品中的各组分实现良好分离的情况下，流出曲线上每个色谱峰代表一种物质组分。根据色谱峰的保留时间和峰高、峰面积等参数可以对组分进行定性和定量分析。

（3）色谱柱

气相色谱分离是在色谱柱中完成的，色谱柱是色谱仪的核心部件，也是气相色谱分离分析方法的关键。气相色谱柱分为填充柱和毛细管柱两类。填充柱的内径较大，一般为 2~6mm，柱内填充固定相颗粒。毛细管柱的内径较小，一般为 0.2~0.5mm，其固定相涂覆在柱的内壁上。

气相色谱柱中的固定相是影响组分分配系数的主要因素，对组分的分离效果起着决定性作用。不论是填充柱还是毛细管柱，气相色谱柱内使用的固定相可以按固态和液态进行分类。相应的，可以将气相色谱固定相分为气固色谱固定相和气液色谱固定相，分别用于气固色谱和气液色谱。

①气固色谱固定相：气固色谱固定相主要包括吸附剂型固定相和聚合物型固定相。

吸附剂型固定相是指使用表面具有活性的吸附剂作为固定相。常用的有非极性的活性炭、极性的三氧化二铝（Al_2O_3）、氢键型的硅胶，以及分子筛、石墨化碳黑、碳分子筛等。它们对各种气体组分的吸附能力强弱不同，特别适用于永久性气体和烃类物质的分离。

聚合物型固定相一般是指使用高分子多孔微球作为气固色谱的固定相，例如苯乙烯与二乙烯苯共聚（GDX）系列微球，特别适用于低级醇、脂肪酸、水分等强极性物质的分析。这类高分子微球的孔径、粒度及表面均匀可控，对温度稳定，耐腐蚀，机械强度高。

②气液色谱固定相：气液色谱的固定相由担体和固定液组成，担体主要起支撑作用，分离主要依靠固定液的作用，固定液涂渍在担体上，装填于柱中构成色谱柱。气液色谱发展极为迅速，应用的固定液种类也十分繁多，气相色谱分析法中大多数采用气液色谱法。

担体是一种化学惰性、多孔性固体微粒，能提供较大的惰性表面，使固定液以液膜状态均匀地分布在其表面。

固定液一般是高沸点的有机化合物，各有其特定的最高使用温度，而实际使用温度应比它更低些。对于固定液一般有如下要求：在工作温度下为液体，对试样中各组分有适当的溶解能力；选择性好，对所分离的混合物有选择性分离能力；沸点高，挥发性小，热稳定性好；化学稳定性好，不与被分离物质发生不可逆的化学反应。

在实际应用中如何根据试样的性质选用合适的固定液，是一个需要考虑的问题。在了解了各种固定液的相对极性后，可以根据异味气体样品的性质，参照"相似相溶"原则选择适当固定液。固定液的选择大致可以分为以下五种情况。

- 分离非极性组分，一般选用非极性固定液。这时试样中各组分按沸点次序流出色谱柱，沸点较低的组分先出峰，沸点较高的组分后出峰。
- 分离极性组分，选用极性固定液。各组分按极性大小顺序流出色谱柱。
- 分离非极性和极性的（或易被极化的）混合物，一般选用极性固定液。此时，非极性组分先出峰，极性的（或易被极化的）组分后出峰。
- 对于能形成氢键的组分，如醇、胺和水等的分离，一般选择极性的或氢键型的固定液。这时试样中各组分根据与固定液形成氢键能力的大小先后流出。不易形成氢键的先流出，最易形成氢键的最后流出。
- 对于复杂的难分离的组分，常采用特殊的固定液或两种甚至两种以上的固定液，配成混合固定液。

（4）检测器

检测器的作用是将经色谱柱分离后的各组分按其特性及含量转换为相应的电信号。在一定的范围内，检测器的响应电信号与进入检测器的组分的质量或浓度成正比。因此可以通过测量电信号的大小来计算异味样品中各组分的质量或浓度。

常用的气相色谱检测器种类较多，例如热导检测器、氢火焰离子化检测器、电子捕获检测器、火焰光度检测器等。在异味污染分析时，以氢火焰离子化检测器、火焰光度检测器、电子捕获检测器、质谱检测器等应用较多[3]。

（5）气相色谱操作条件的选择

为了使气相色谱分离分析获得满意的效果，首选需要选择合适的固定相，这在5.1.1小节中已经讨论。其次要选择合适的分离操作条件，包括载气、柱温、柱长、进样方式等。

①载气：载气对色谱柱的分离效能具有重要影响。根据速率理论，对于一定的色谱柱和试样，存在一个最佳流速，此时柱效最高，色谱柱分离效果最好。在实际分析工作中，为了缩短分析时间，往往将载气流速设定为稍高于最佳流速。对于填充柱，氮气作载气时的最佳实用线速度为 10~12cm/s，氢气为载气时最佳实用线速度为 15~20cm/s。在实际操作中，也一般使用体积流量（mL/min）来表示载气流速。例如，若色谱柱内径为 3mm，氮气载气的流速一般为 40~60mL/min，氢气载气的流速一般为 60~90mL/min。

②柱温：色谱柱的柱温控制是决定分离效果的一个十分重要的条件参数。柱温首选需要满足色谱柱固定相的要求。每种固定相都有一个最高使用温度限制，超过该温度则可能会造成固定液流失，不但影响色谱柱寿命，还会因为固定液随载气进入检测器而干扰分析效果并污染检测器。

柱温对组分分离效果的影响较大。提高柱温会使各组分的挥发度靠拢，不利于分离，因此从分离度的角度靠拢，应该降低柱温。但柱温过低时，则各组分在色谱柱两相间的扩散速率大幅降低，分配不能迅速达到平衡，不仅使传质速率显著降低，柱效能下降，色谱峰峰形变宽，而且还会延长分析时间。因此，柱温的选择应使难分离的组分达到预期的分离效果，峰形正常而且又不太延长分析时间为宜。对于组分沸点较高的样品（200~300℃），柱温可比其平均沸点低100℃左右。对于沸点在100~200℃的混合物样品，柱温可选在其平均沸点的2/3左右。对于低沸点混合物，柱温可选在其沸点附近或沸点以上。对于沸点范围较宽的样品，适宜采用程序升温，即柱温按设定的加热速度，随时间做线性或非线性的增加。

③柱长：色谱柱的柱长增加，会增加组分在色谱柱内的分配次数，从而提升分离效果。但柱长增加时，各组分流经色谱柱的时间增加，即分析时间延长，同时柱内阻力也增大，不利于分析操作。因此，在满足预期的分离效果的前提下，应尽量选用较短的色谱柱。

④进样方式：进样是指将样品注入气相色谱进样口。气相色谱法有多种进样方式，适用于由不同方法采集的异味样品。

对于直接采样法（例如注射器、气袋、采气管、真空瓶等）采集的气态样品，可以采用气体进样针或者六通阀直接进样，进样体积一般为1~10mL，也可以采用固相微萃取、冷阱预浓缩等富集后解析进样。对于溶液吸收法富集采集的样品，可以采用微量进样器抽取一定体积的吸收液（或经溶剂萃取、固相萃取等处理后的吸收液）直接进样，进样体积一般为1~10μL；也可以采用顶空、气提、蒸馏、固相微萃取等方法收集吸收液中挥发的气态组分进样。对于填充柱阻留法富集采集的样品，可以通过溶剂解吸或热脱附的方法进样。对于低温冷凝法采集的样品，可以通过加热脱附使异味组分汽化进样[2]。

(6) 气相色谱定性分析方法

气相色谱定性分析的目的是确定样品的组成，即明确每个经气相色谱分离分析后得到的每个色谱峰所代表的物质是什么。总体上，气相色谱的定性分析是依据保留值或与其他仪器或方法结合实现。

①利用保留值定性：由理论分析和实验证明可知，当色谱条件不变时，每种物质都有一个确定的保留值（保留时间或保留体积）。即保留值是特征性的，可用于定性分析。如果待测组分的保留值与在相同条件下测得的纯物质的保留值相同，则可初步认为它们是同一种物质。利用纯物质对照进行定性的方法虽然简单，但必须对试样中的组分有大概的了解，并且备有鉴定这些组分所需要的纯物质才能实现。在没有纯物质时，可以利用经验规律辅助鉴定。

②与其他仪器或方法结合定性：质谱、红外光谱、核磁共振等仪器具有很强的定性鉴定能力，特别是对单独的组分能够实现很好的结构鉴定。将这类仪器与气相色谱结合，经色谱分离后的组分依次进入质谱、红外光谱或核磁共振等仪器中，逐一实现精准的定性鉴定，可以实现良好的分离分析效果。目前，气相色谱-质谱联用、气相色谱-傅里叶变换红外光谱联用等已经具备了商业化仪器，并且在复杂样品分离分析中发挥着越来越重要的作用。

（7）气相色谱定量方法：归一化法、外标法、内标法

气相色谱定量分析的基本原理是，在一定的操作条件和范围下，某种组分经色谱柱分离后进入色谱检测器中产生的响应信号值（色谱峰面积 A 或峰高 h）与该组分注入的质量（m）或浓度（c）成正比。常用的定量方法主要有外标法、内标法和归一化法等。

①外标法：外标法又称标准曲线法，是用被测组分的纯物质配制一系列不同浓度的标准溶液样品或标准气体样品，用气相色谱在相同的条件和方法下进样测定，记录不同浓度标准样品得到的色谱峰面积。用一系列标准样品的峰面积对响应的浓度作图，得到一条标准曲线。然后采用相同的条件和方法对待测样品进样测定，根据样品中被测组分的峰面积及标准曲线计算出该组分在待测样品中的浓度。外标法的操作和计算都较为简便，适用于大批量样品的连续分析。但要求操作条件稳定，进样重复性好，否则会对分析结果产生较大影响。

②内标法：准确称取一定质量的待测样品，加入一定量选定的标准物质（称为内标物），根据内标物和待测样品的质量，校正因子，以及它们在色谱图上相应的峰面积，计算待测组分的含量。内标物应是待测样品中不含有的物质，其加入量应与待测组分接近，其色谱峰也应位于待测组分色谱峰附近或几个待测组分色谱峰的中间。内标法的优点是定量准确，每次的进样量和操作条件不要求严格控制，但每次分析时都要称量待测样品和内标物，操作较为烦琐，不适用于大批量样品的快速分析。

若需要减少内标法中称量和计算的工作量，可将不同质量的待测组分的纯物质与固定质量的内标物混合，配置成一系列的标准溶液。取固定量的该标准溶液进样分析，计算待测组分纯物质的峰面积与内标物峰面积的比值（A_i/A_s），然后以待测组分纯物质的质量分数 w_i 对 A_i/A_s 作图，得到一条标准曲线，称为内标标准曲线。分析样品中待测组分的浓度时，称取与绘制标准曲线时相同量的试样和内标物，测出其峰面积比值 A_i/A_s，然后由内标标准曲线查出样品中待测组分的质量分数。利用内标标准曲线法进行定量分析时，不需要查询或测定校正因子，消除了一些操作条件的影响，适用于液体试样的常规分析。

5.1.2　气相色谱–质谱联用法

　　气相色谱具有良好的复杂样品分离功能，而质谱仪具有强大的结构鉴定功能。若能将气相色谱仪与质谱仪联用，则可以对复杂样品实现良好的分离分析功能，因此这一直是分析仪器工作者研究的重要方向。20 世纪 50 年代，研究人员已经开发出了气相色谱–质谱联用仪，但当时使用的质谱仪体积庞大、结构复杂，不适用于商业推广应用。近年来，随着分析仪器和技术的进步，气相色谱–质谱联用仪器及相关应用技术得到了迅速的发展，应用领域也越来越广泛，已成为复杂样品分离分析的强有力手段（图 5-3）[5]。

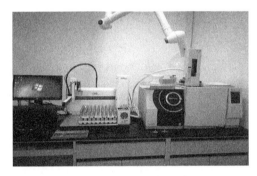

图 5-3　热脱附–气相色谱–质谱联用仪（TD-GC-MS）

　　气相色谱–质谱联用仪主要由气相色谱、质谱仪和中间的连接装置 3 个部分组成。气相色谱–质谱联用仪的基本分析流程是，样品中的各组分经气相色谱逐一分离后，随载气经连接口进入质谱仪。载气一般使用高纯氦气，并且在使用前需要净化，以去除其中的氧气、水分和烃类物质，防止对气相色谱柱和质谱检测器造成干扰。质谱仪由离子源、质量分析器、检测器组成。样品中的组分分子在离子源的轰击下转化为带电离子并进行电离，然后进入质量分析器，根据质荷比的差异通过电场和磁场的作用实现分离，并根据时间顺序和空间位置差异被检测器检测，将离子束转变为电信号，并进行放大。通过分析离子碎片信息，对样品中各种组分的化学结构进行分析鉴定，并根据信号值的大小对各组分的含量或浓度进行分析，从而实现对样品组分的定性和定量。

　　气相色谱–质谱联用仪可以同时进行色谱分离和质谱分析数据采集，具有较强的抗干扰能力和较宽的线性检测范围，并且具有很高的检测灵敏度，在进行全扫描时，一般检出限能达到 0.1ng，在选择离子检测模式下，检出限可以达到 10fg 甚至更低。样品中未知组分的定性鉴定是通过计算机系统在数据库中对样品组分的质谱图进行检索的方式实现。目前气相色谱–质谱联用仪的谱图数据库中储存有近 30 万个化合物的标准质谱图，通过计算机检索的方式，可以给出未知组分几种最可能的化合物，包括化合物的名称、分子式、相对分子质量、可靠程度等信息，实现快速准确的定性鉴定。由于具有良好的复杂样品分离、定性鉴定和定量分析功能，气相色谱–质谱联用法在异味污染仪器分析领域得到了越来越广泛的应用。例如，采用气相色谱–质谱联用仪分析异味样品的组分质谱图如图 5-4 所示。

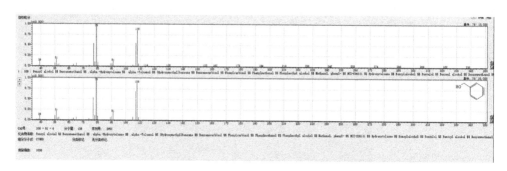

图 5-4　气相色谱–质谱联用仪检测苯甲醇异味物质的质谱碎片图

5.2　气相色谱–嗅觉仪法

在异味污染的研究发展历程中，仪器分析和感官分析一直是两项互补的重要分析手段。类似于气相色谱–质谱联用法，气相色谱–嗅觉仪法（GC-O）是一种将气相色谱仪和嗅觉仪相结合的方法，属于仪器分析与感官分析的联用技术。这种联用技术同时具有气相色谱的复杂组分分离能力和人类嗅觉的高度敏感和感官评价能力。

气相色谱–嗅觉仪法的基本原理在于，异味混合物样品注入气相色谱仪后，经色谱柱分离，并通过色谱柱末端连接的分流装置，将携带有分离后的异味组分的载气流分为两路，一路进入气相色谱检测器（例如质谱检测器、氢火焰离子化检测器、火焰光度检测器等）进行定性和定量分析，另一路进入嗅觉仪由气味评价员通过嗅觉感官分析方法测定气味类型、气味强度、愉悦度、气味频率等气味评价指标。

气相色谱–嗅觉仪早在 20 世纪 70 年代时已有雏形仪器，即直接对气相色谱仪的色谱柱末端流出气体进行嗅辨分析。随后在 80 年代进一步开发了对色谱柱流出物进行加湿、定量稀释等技术。目前商业化的气相色谱–嗅觉仪已经实现成熟的应用。例如，如图 5-5 所示为美国 Agilent 公司 8890 系列气相色谱、5977B 系列质谱，以及瑞士 Brechbühler 公司 Sniffer 9100 系列嗅觉仪联用构成的气相色谱–嗅觉仪系统。

图 5-5　气相色谱–嗅觉仪系统

气相色谱–嗅觉仪法既可以对复杂异味样品中的各种组分进行定性和定量分析，又可以同步对复杂样品中各个组分进行气味类型、气味强度和愉悦度等感官评价，同时获取样品中异味组分的化学成分信息和气味信息，并且可以根据对各组分的气味强度和愉悦度评价结果实时鉴定复杂样品中的关键异味物质。

不仅如此，质谱检测器、氢火焰离子化检测器、火焰光度检测器等色谱检测器对常规异味物质的检出限大多是在 1 ~ 10pg，而人的鼻子对某些特殊的异味物质能够轻易检测到 0.05pg。因此，气相色谱–嗅觉仪方法实现了仪器分析与嗅觉感官分析的紧密结合与互补联用，是十分理想的异味污染分析评价技术。

但是，气相色谱–嗅觉仪法也存在一些不足。例如，由于气相色谱的进样量和柱流量有限，从色谱柱末端分流出的气体一般仅够 1 ~ 2 名气味评价员进行嗅辨分析，一次进样不能满足大多数感官分析标准方法中要求的 6 ~ 8 名气味评价员同时分析的条件。另一方面，气相色谱分析过程中，有些组分的出峰时间间隔较近，不利于气味评价员进行嗅辨分析。

尽管如此，气相色谱与嗅觉仪联用的技术很好地兼容了二者的优点，可以同步获取异味污染物的化学浓度信息和嗅觉感官信息，分析结果更丰富和直观，并通过这种联用分析判定出复杂样品中的关键异味物质。因此气相色谱–嗅觉仪联用方法不仅在异味污染的分析评价中发挥了重要作用，在食品分析、风味分析、商品检验、品质控制等众多行业中也得到了广泛应用。

5.3　高效液相色谱法

气相色谱法在异味污染分析中应用广泛，但并不适用于分析高沸点或者热稳定性差的物质。对于高沸点、热稳定性差、相对分子质量较大的异味物质，通常采用液相色谱法分析。

　　液相色谱法是指以液体作为流动相的色谱法。在经典液相色谱法的基础上，通过引入气相色谱的理论，并在技术上采用高压泵、高效固定相和高灵敏检测器，形成了高效液相色谱法。高效液相色谱法不需要将样品气化，因此不受样品挥发性和沸点的限制。对于高沸点、热稳定性差、相对分子质量较大的有机物，原则上都可以采用高效液相色谱法进行分离分析。因此，高效液相色谱法也是异味污染成分分析的一项重要技术。高效液相色谱法分析速度快、分离效率高和操作自动化程度高，并且具有几个突出的特点。

　　①高压：液相色谱法以液体为流动相，液体流经色谱柱时，受到的阻力较大。高效液相色谱法采用高压泵对流动相液体进行加压，一般可达到 $150 \times 10^5 Pa$，超高效液相色谱（UPLC）甚至可以达到 $1000 \times 10^5 Pa$ 的压力。高压是高效液相色谱法的一个突出特点。

　　②高速：高效液相色谱法的分析速度比经典的液相色谱法快得多，一般分析时间都小于 1h。

　　③高效：高效液相色谱法采用新型固定相可以使分离效率大幅提升，具有比气相色谱法更高的柱效。

　　④高灵敏度：高效液相色谱法广泛采用高灵敏度的检测器，进一步提升了分析方法的灵敏度，分析样品时通常仅需要 μL 数量级的样品量。

　　有些异味物质虽然沸点不高，但采用高效液相色谱仪（图 5-6）可以实现更好的分离分析效果。例如，低级脂肪醛类物质（例如戊醛、己醛、庚醛等）是化工、皮革、医药等行业产生的典型异味物质，具有强烈的刺激性气味。目前对低级脂肪醛类物质的常用分析方法是衍生–高效液相色谱法或衍生–气相色谱法。美国 EPA TO-11 中采用的 2,4-二硝基苯肼衍生富集–高效液相色谱分析法是空气中醛酮类物质最常用的分析方法之一。

图 5-6　高效液相色谱仪

5.4　分光光度法

分光光度法是常用的异味污染成分分析方法之一。例如，氨、硫化氢、二氧化硫、二硫化碳等异味气体常用分光光度法进行分析。

分光光度法是光谱法的重要组成部分，是通过测定物质在特定波长处或一定波长范围内的吸光度，对物质进行定性和定量分析的方法。根据测定时所选用光源发出的光的波长范围，常常可将分光光度法分为紫外分光光度法（吸收光波长范围 $200\sim400\mathrm{nm}$），可见分光光度法（吸收光波长范围 $400\sim800\mathrm{nm}$），红外分光光度法（吸收光波长范围 $800\sim50\mu\mathrm{m}$）等。

分光光度法的基本原理是物质对光的选择性吸收。当光穿过被测物质溶液时，物质对光的吸收程度随光的波长不同而变化。因此，通过测定物质在不同波长处的吸光度，绘制其吸光度与波长的关系图即可得到被测物质的吸收光谱，并确定最大吸收波长 $\lambda_{\max}$。物质的吸收光谱具有与其结构相关的特征性，可用于对未知物质进行定性鉴别。

在进行定量分析时，分光光度法的定量依据是朗伯-比尔（Lambert-Beer）定律，即当一束单色光通过一均匀溶液时，一部分被吸收，一部分透过，溶液对该单色光的吸光度（A）与溶液浓度（c）和液层厚度（b）的乘积成正比 [式 (5-1)]。

$$A \propto cb \tag{5-1}$$

假设该入射单色光的强度为 I_0，透射光强度为 I，则 I/I_0 为透光度，用 T 表示。百分透过率为

$$T\% = (I/I_0) \times 100\%$$

而溶液对光的吸收程度即吸光度（A）与透光度（T）呈负对数关系，即

$$A = -\lg T$$

因此，朗伯-比尔定律数学表达式为

$$A = \lg \frac{I_0}{I} = \varepsilon bc \tag{5-2}$$

式中，A：吸光度，描述溶液对光的吸收程度；I_0：入射光强；I：透过溶液的光强；b：液层厚度（光程长度），通常以 cm 为单位；c：溶液的摩尔浓度，单位 mol/L；ε：摩尔吸收系数，单位 L/(mol·cm)，与吸光物质的性质、入射光波长及温度等相关。

采用分光光度法测定空气中的异味气体时，一般采用吸收液对异味气体组分进行富集采样，并加入显色剂在一定条件下进行显色反应，然后采用分光光度计在一定的波长下测定溶液的吸光度，通过绘制待测物质质量-标准溶液吸光度值的标准曲线对吸收液中待测物质的含量进行定量，进而计算出异味样品中待测物

质的浓度。

5.5　质子转移反应质谱法

　　质子转移反应质谱（PTR-MS）是一种使用化学软电离技术作为离子化方式的质谱分析仪器，是痕量挥发性有机化合物实时在线检测的重要新兴技术手段，在异味污染分析领域有着重要的应用前景。

　　20 世纪 90 年代初，在选择离子流动管质谱（SIFT-MS）的基础上，奥地利因斯布鲁克大学 Lindinger 研究组结合化学电离思想和流动漂移管模型技术，首次提出了质子转移反应质谱技术。第一台商业化的质子转移反应质谱仪器于 1998 年问世，随后质子转移反应质谱技术得到了快速推进，已经相继发展出质子转移反应–四极杆质谱（PTR-QMS）、质子转移反应–飞行时间质谱（PTR-TOF MS）等类型仪器，在挥发性有机物等异味污染物的实时在线分析领域发挥着重要作用（图 5-7）。

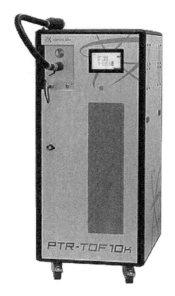

图 5-7　质子转移反应–飞行时间质谱仪（PTR-TOF-MS）

　　质子转移反应质谱使用软电离技术，H_3O^+ 是其最常用的初始反应离子。质子转移反应质谱的离子源包括空心阴极放电区和短流动管区两个部分，其主要作用是提供高浓度的初始反应离子 H_3O^+。首先，空心阴极放电区对 H_2O 进行放电，产生的离子通过充满水蒸气的短流动管区后形成大量的初始反应离子 H_3O^+。这些初始反应离子 H_3O^+ 与通过进样口引入到漂移管中的样品气体中的挥发性有机

物分子发生质子转移反应，使有机物离子化生成准分子离子 VOC·H$^+$，如图 5-8
所示。这种可定量的软电离过程避免了挥发性有机物发生分子分裂，保留了待测
挥发性有机物的分子结构，然后通过质谱检测产物 VOC·H$^+$ 离子的强度来定量
确定挥发性有机物 VOC 的绝对浓度。

$$H_2O\cdot H^+ \begin{cases} +C_3H_6 \longrightarrow C_3H_6\cdot H^+ \\ +C_6H_6 \longrightarrow C_6H_6\cdot H^+ \\ +CH_3OH \longrightarrow CH_3OH\cdot H^+ \\ +CH_3CN \longrightarrow CH_3CN\cdot H^+ \\ +CH_3SH \longrightarrow CH_3SH\cdot H^+ \end{cases} +H_2O$$

图 5-8　质子转移反应原理图

使用 H$_3$O$^+$ 作为初始反应离子时，质子转移反应质谱的分析过程是将初始反
应离子 H$_3$O$^+$ 中的质子转移给异味样品中所有质子亲和力大于水的化合物，而氮
气、氧气、二氧化碳、氩气等由于质子亲和力小于水，不会与 H$_3$O$^+$ 发生质子转
移反应，因此不会干扰有机异味物质的测定。使用 H$_3$O$^+$ 作为离子源时，质子转
移反应质谱能够实现对绝大多数有机异味物质的分析，例如醛、酮、酸、酯、醇
类物质，以及含氮、含硫有机异味物质，检测限可达 ppt 量级。

对于一些 H$_3$O$^+$ 无法离子化的组分，还可以选择 NO$^+$、O$_2^+$、Kr$^+$、NH$_4^+$ 等作为
离子源，扩展质子转移反应质谱仪的检测范围。例如，使用 O$_2^+$ 作为离子源可以
电离除甲烷外所有的挥发性有机物，此时质子转移反应质谱还可以分析乙烯、硫
化氢、氯仿、溴代甲烷等异味物质。使用 Kr$^+$ 作为离子源时，质子转移反应质谱
还可以进一步分析甲烷、二氧化硫、二氧化氮、一氧化二氮等物质。

质子转移反应质谱仪主要的分析对象是气体样品，对于液体和固体，则可以
采用顶空的技术检测其挥发物。质子转移反应质谱仪是十分理想的异味污染成分
分析仪器，与传统的气相色谱、液相色谱、气相色谱–质谱联用技术相比，质子
转移反应质谱灵敏度高，而且不需要通过色谱柱对样品中的组分进行分离，分析
时间少于 100ms，可以实现高时间分辨率的实时在线监测。此外，异味气体样品
在进入质子转移反应质谱仪之前不需要特殊的预处理过程，这大幅减轻了异味污
染分析的工作量，节约分析时间，提高分析效率。因此，质子转移反应质谱在异
味污染监测分析等领域正发挥着越来越重要的作用，而且在食品分析、医疗诊
断、防爆检测等领域中也有重要应用[6]。

5.6　气体传感器检测法

气体传感器由于具有尺寸小、质量轻、功耗低、响应快速、便于集成、成本

低等优点，在异味污染分析检测领域发挥着越来越重要的作用。相比于气相色谱、气相色谱-质谱、液相色谱、分光光度法、质子转移反应质谱等仪器分析方法，气体传感器检测法相对简单，设备便携，成本低廉，能够在现场进行实时在线监测分析，具有显著的优点和广阔的前景。

气体传感器中能够对特定气体物质产生响应的部件被称为敏感元。每一个敏感元上有若干数量的响应位点，响应位点与气体中特定的物质分子接触后会发生物理或化学反应，产生特定的电压、电流或电阻等信号，这些电信号的产生以及强弱与传感器所接触气体中目标物分子的种类和浓度有关，通过获取这些电信号并进行数据处理，即可获知所接触气体中特定目标物的类型和浓度，实现对气体成分的分析和监测[1]。

气体传感器根据工作原理可以分为电学型气体传感器和光学型气体传感器。电学型气体传感器包括半导体型、电化学型、催化燃烧型、石英微天平型与声表面波型等。光学型气体传感器主要是红外气体传感器。下面将介绍几种主要类型的气体传感器检测技术。

（1）金属氧化物半导体气体传感器

金属氧化物半导体气体传感器又称阻性传感器，是一种开发较早的传感器，可用于检测 ppm 量级至百分比量级的气体物质。金属氧化物半导体气体传感器的敏感元件是一个金属半导体，在洁净空气中，它的电导率很低，当与特定的异味气体分子接触时发生电子转移反应，使半导体元件的电导率会增加，并且在不同浓度的目标物气体氛围中，半导体元件的电导率会发生不同程度的变化，通过检测这种电学性能的变化来分析异味气体的成分和浓度。

金属氧化物半导体气体传感器的检测性能主要取决于它的气敏材料。常见的气敏材料包括锡（Sn）、锌（Zn）、钛（Ti）、钨（W）等金属元素的氧化物，在金属氧化物半导体气体传感器的气敏材料中掺入钯（Pd）、铂（Pt）、银（Ag）等贵金属也有利于改善 MOS 传感器的响应灵敏度和对不同气体的选择性。SnO_2是金属氧化物半导体气体传感器中应用较多的气敏材料，日本费加罗公司的 TGS 系列传感器与我国炜盛公司的 MQ 系列传感器即以 SnO_2 为敏感材料。

金属氧化物半导体气体传感器在工作状态时的温度一般达 300～400℃，并且存在着最佳工作温度，温度持续升高后响应程度会降低。采用 SnO_2 作为气敏元件时，传感器的最佳工作温度一般为 300℃。

金属氧化物半导体气体传感器由于其制工艺简单、操作便捷、成本低廉、易于集成等特点而受到了广泛关注，但其响应模式是广谱响应，导致其检测不同的气体物质时选择性不高。

（2）电化学气体传感器

电化学气体传感器的工作原理是，待测异味气体在电极处发生氧化或还原反应产生电流，通过检测电流的大小来确定待测气体的浓度。电化学气体传感器具有结构简单、灵敏度高、功耗低、选择性好、响应快速的特点，响应信号与特定异味气体的化学浓度之间存在良好的线性关系，适合用于定量检测。

恒电位电解式气体传感器（或称电流型气体传感器）是最重要的一类电化学气体传感器。传统的恒电位电解型气体传感器由透气性隔膜、工作电极、对电极、参照电极和电解质溶液密封在合成树脂容器中制成。恒电位电解式气体传感器工作时，外电路向工作电极与对电极施加恒定电位，使所测气体进行氧化或还原反应，同时气体会产生电流，电流的变化与气体浓度相关，并且会导致给定电压的波动与变化，为补偿给定电压的变化，传感器中设置了参考电极，参考电极没有电解电流通过，可通过设置控制工作电极与参比电极间的电位保持恒定，工作电极与对电极间的电位也得以恢复，在电位变化与恢复的过程中，测定传感器所接触气体中目标异味物质的有无与浓度。

恒电位电解式气体传感器按照电解质溶液可分为水电解质电化学传感器、离子液体电解质电化学传感器与固体电解质气体传感器。其中水溶液电解质电化学气体传感器受到环境温度与湿度影响大，低湿度环境下电解液易挥发干燥，高湿度环境易吸收水分而导致传感器破裂漏液，影响电化学气体传感器的实际应用。离子液体具有低蒸气压、良好热稳定性、良好的溶解能力和导电能力，离子液体气体传感器在氧气、氨气、氮气等探测领域应用良好。固态电解质气体传感器广泛用于 NO_x、SO_x、H_2S 等异味气体的检测。

（3）催化燃烧式气体传感器

催化燃烧式气体传感器利用可燃气体催化燃烧产生热效应的原理实现响应，具有输出信号线性好、价格便宜、不与其他非可燃性气体发生交叉敏感等特点。

催化燃烧气体传感器由测量元件（dectection element）和补偿元件（compensation element）组成，测量元件与补偿元件的敏感元件一般用具有温度敏感特性的材料制作，如高性能铂电阻螺旋丝，测量元件在材料外围还会烧结涂覆催化剂，包覆催化剂外壳的温敏材料组成敏感膜。当测量元件的敏感元件与易燃气体接触，在易燃气体的气体浓度低于其爆炸下限时，易燃气体也会被氧化，在元件表面发生无火焰燃烧化学反应，使电阻丝表面温度发生变化；而补偿元件由于表面没有催化剂成分不发生燃烧反应，表面温度只与周围环境温度有关。随着温度的变化，二者的阻值也产生差异，当将两个元件和定值电阻组成惠斯登电桥时，即可通过温度补偿检测电阻的变化，从而检测环境中异味气体的浓度。

在气体传感器的基础上，将气体传感检测和模式识别算法相结合，建立电子鼻检测技术，是近年来异味污染分析评价领域的研究热点。在人的嗅觉感知过程中，异味气体分子进入鼻腔后与嗅觉受体交叉结合引发神经元动作电位，动作电位经嗅球修饰处理后传递至嗅皮层解码，然后传输至大脑中枢形成对不同气味的嗅觉感知。模拟这种原理，电子鼻利用传感器阵列对不同的异味物质进行特异性响应，响应信号经放大和处理后由模式识别算法进行分析判别，实现对不同类型异味气体的定性和定量检测，已应用于食品、环境等领域，具有测速度快、自动化程度高、可实现原位在线监测等优点。目前国内外已经有多款商业化电子鼻仪器，例如德国 Airsense 公司的 Pen 3 系列电子鼻，美国 Isenso 公司的 SuperNose 电子鼻，我国保圣科技公司的 C-Nose 通用电子鼻等。但是，电子鼻的检测能力受传感器的灵敏度和选择性以及模式识别算法准确性的限制，在应用于复杂异味的分析检测时，其仪器性能仍需进一步提升。

5.7 常见异味物质的仪器分析方法

5.7.1 挥发性有机异味物质

异味污染物除了氨、硫化氢、二氧化氮等少数无机化合物之外，绝大多数都是有机化合物，并且大多具有一定的挥发性。分析这类挥发性有机异味物质的成分时，气相色谱–质谱联用仪是最常用的仪器。下面将基于气相色谱–质谱联用仪介绍两种常用的挥发性有机异味物质的仪器分析方法。

(1) 罐采样/气相色谱–质谱法

我国生态环境部发布的《HJ 759—2015 环境空气 挥发性有机物的测定 罐采样/气相色谱–质谱法》标准适用于环境空气中 67 种挥发性有机物的测定（图 5-9），包括许多常见的有机异味污染物，参见附表 2。其他挥发性有机异味物质在通过方法适用性验证后，也可以采用该标准进行测定。

该方法的基本原理是，用内壁经惰性化处理的不锈钢罐采集异味空气样品，经冷阱浓缩、热脱附后，进入气相色谱分离，用质谱检测器进行检测。通过将异味样品的谱图信息与标准物质的质谱图和保留时间比较进行定性，并采用内标法定量。该方法采用不锈钢罐采样，可以对异味气体样品进行全组分直接采集。在采样量为 400mL，质谱检测器为全扫描模式时，该方法的检出限为 $0.2 \sim 2\mu g/m^3$，测定下限为 $0.8 \sim 8\mu g/m^3$。

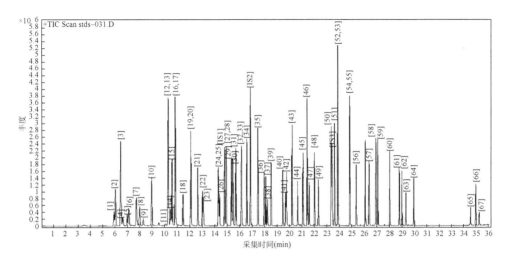

图 5-9　67 种挥发性有机物及内标物的总离子流图

1-丙烯；2-二氟二氧甲烷；3-1，1，2，2-四氟-1，2-二氯乙烷；4-一氯甲烷；5-氯乙烯；6-丁二烯；7-甲硫醇；8-一溴甲烷；9-环氧乙烷；10-一氟三氯甲烷；11-丙烯醛；12-1,2,2-三氟-1，1，2-三氯乙烷；13-1，1-二氯乙烯；14-丙酮；15-甲疏醚；16-异丙醇；17-二硫化碳；18-二氯甲烷；19-顺1,2-二氯乙烯；20-2-甲氧基-甲基丙烷；21-正己烷；22-1，1-二氧乙烷；23-乙酸乙烯酯；24-2-丁酮；25-反1,2-二氯乙烯，26-乙酸乙酯；27-四氢呋喃；28-氧仿；29-1,1,1-三氯乙烷；30-环己烷；31-四氯化碳；32-苯；33-1,2-二氯乙烷，34-正庚烷；35-三氯乙烯；36-1,2-二氯丙烷；37-甲基丙烯酸甲酯；38-1,4-二噁烷；39-一溴二氯甲烷；40-顺式13-二氯-1丙烯；41-二甲二硫醚；42-4-甲基-2-戊酮；43-甲苯；44-反式1,3-二氯-1-丙烯；45-1,1，2-三氯乙烷；46-四氯乙烯；47-2-己酮；48-二溴一氯甲烷；49-1,2-二溴乙烷或 IS$_3$-氯苯-d5；50-氯苯；51-乙苯；52/53-间/对二甲苯；54-邻二甲苯；55-苯乙烯；56-三溴甲烷；57-四氯乙烯；58-4-乙基甲苯；59-1,3,5-三甲苯；60-1,2,4-三甲苯；61-1,3-二氯苯；62-1，4-二氯苯；63-氯代甲苯；64-1,2-二氯苯；65-1，2,4-三氯苯；66-1,2,3,4,4-六氯-1,3-丁二烯；67-萘

　　首先使用罐清洗装置对不锈钢采样罐进行清洗，然后将采样罐抽至真空（要求罐内气压小于10Pa）。每清洗20只采样罐应至少取其中一只注入高纯氮气进行本底污染分析，以检查是否清洗干净。若某只采样罐用于采集分析高浓度异味样品，则下一次使用前必须对其进行本底污染的分析，以检查是否清洗干净。

　　使用清洗后的不锈钢采样罐采集异味空气样品，采样时需要加装颗粒物过滤器以去除空气中的颗粒物。不锈钢罐采集异味空气样品时有瞬时采样和恒流采样两种方式。瞬时采样是将清洗后并抽至真空的采样罐带至采样点，安装颗粒物过滤器后打开采样罐阀门进行采样。此时由于不锈钢罐内的真空负压作用直接将罐外的采样点环境空气吸入罐内，待罐内压力与采样点大气压力一致后，关闭阀门，用密封帽密封采样罐。记录采样时间、地点、环境参数等信息。恒流采样是将清洗后并抽至真空的不锈钢采样罐带至采样点，安装流量控制器和颗粒物过滤器，然后打开采样罐阀门，设置一定的恒定流量开始采样。在设定的恒定流量所对应的采样时间达到后，关闭采样罐阀门，用密封帽密封采样罐。记录采样时间、地点、环境参数等信息。样品采集完成后可在常温下转移至实验室保存，并尽快分析。

不锈钢采样罐内的异味样品在实际分析前，需采用真空压力表测定不锈钢罐内的压力。若罐内压力小于83kPa，则必须用高纯氮气加压至101kPa，并计算稀释倍数。压力检查完成后，将不锈钢采样罐内的异味样品连接至气体冷阱浓缩仪进行浓缩，同时去除异味气体样品中的水、二氧化碳等干扰物质。冷阱浓缩仪准确抽取50~1000mL的异味样品，并准确加入一定体积的内标标准气体进行浓缩分析。异味样品和内标气体首先在冷阱浓缩仪的一级冷阱（-150℃）中进行冷凝，然后加热至10℃并由氦气载带进入二级冷阱（-15℃）进行二次富集，再经过加热反吹浓缩富集到-160℃的三级聚焦阱中，最后通过快速高温加热将其解析注入气相色谱进行分离，进样口温度设置为140℃。气相色谱宜采用毛细管色谱柱（例如长度60m，内径0.25mm，涂渍厚度为1.4μm的6%腈丙基苯基-94%二甲基聚硅氧烷固定液），初始柱温35℃，保持5min后以5℃/min的速度升温至150℃，保持7min后以10℃/min的速度升温至200℃，保持4min。载气使用氦气，流速为1.0mL/min。异味样品中的各组分经色谱柱分离后，依次进入串联的质谱检测器中进行分析。色谱与质谱连接口的温度设定为250℃，质谱的离子源温度为230℃，使用电子轰击源（EI）以全扫描或选择离子扫描的模式进行分析，扫描范围为35~300amu。通过异味样品中目标物组分的保留时间、辅助定性离子和定量离子间的丰度比与标准中目标物对比实现对各组分的定性，采用内标法对组分的浓度进行定量。

异味样品采样分析过程中，同时需要进行实验室空白、运输空白、平行样品的测定、内标物的校准、标准曲线的校准等环节，以实现质量保证与质量控制。

美国环境保护局（EPA）发布的"TO—15空气中挥发性有机物的测定"中采用了不锈钢罐采样-气相色谱/质谱联用方法分析环境空气中的挥发性有机物，其目标物范围包括97种，也可以作为空气中挥发性有机异味物质仪器分析方法的有效参考。

(2) 吸附管采样-热脱附/气相色谱-质谱法

我国生态环境部发布的《HJ 644—2013 环境空气 挥发性有机物的测定 吸附管采样-热脱附/气相色谱-质谱法》标准适用于环境空气中35种挥发性有机物的测定，包括许多常见的有机异味污染物，参见附表3。其他挥发性有机异味物质在通过方法适用性验证后，也可以采用该标准进行测定。

该方法的基本原理是，采用填充了固体吸附剂的吸附管富集采集环境空气中的异味空气样品，经具备二级脱附功能的热脱附仪解析后注入气相色谱中分离，然后用质谱检测器进行检测。通过与待测目标物标准质谱图相比较和保留时间对样品中的各组分进行定性，并采用外标法或者内标法进行定量。该方法采用吸附管富集采样，可以对大体积异味气体样品进行浓缩富集采集[5]。在采样量为 2L 时，该方法的检出限为 $0.3 \sim 1.0 \mu g/m^3$，测定下限为 $1.2 \sim 4.0 \mu g/m^3$。

在内径为 6mm 的不锈钢或玻璃材质吸附管中装填 Carbopack C、Carbopack B 和 Carboxen 1000 三重吸附剂填料，三种填料的装填长度分别为 13mm、25mm 和 13mm（吸附剂填料也可根据待采集异味样品的性质进行调整）。将新装填的吸附管在 350℃ 和 40mL/min 的温度和流量条件下进行老化 $10 \sim 15min$。老化后的吸附管两端密封，外面包裹一层铝箔纸，然后置于装有活性炭或活性炭与硅胶混合物的干燥器内，并将干燥器放入不含有机试剂的冰箱中，在 4℃ 的条件下可保存 7 天。

采样时，首先检查采样气路的气密性和流量稳定性。若气密性和流量稳定性良好，则可将一根上述老化后的吸附管连接到采样泵上，按吸附管上标明的气流方向抽取采样点处的异味空气样品。采气流量根据异味气体的浓度调整，一般范围为 $10 \sim 200mL/min$。采样体积一般为 2L，当空气中相对湿度大于 90% 时，应减小采样体积，但最少不应小于 300mL。采样完成后，应迅速取下吸附管，密封吸附管的两端，并在外面包裹一层铝箔纸，记录采样时间、地点、吸附管编号、采气流量和时间，以及环境参数等信息。然后将样品转移至实验室保存和分析。在采集每一批次异味样品时，应至少在其中一根吸附管的后端再串联一根相同的吸附管作为候补吸附管，用于监测采样是否穿透。每批次采样时还需要在采样现场采集至少一个现场空白样品，即将老化后的吸附管带至采样现场，打开铝箔纸和密封帽，然后立即再次密封并包好铝箔纸，同已采集样品的吸附管一起存放并运回实验室分析。此外，采样时还需主要避免高温和大风的影响。当采样点的环境温度高于 40℃ 时不可采样。当采样点处的风速大于 5.6m/s 时，采样时吸附管应与风向垂直放置，并在上风向放置掩体遮风。

将采集异味气体后的吸附管迅速放入热脱附仪中，进行高温（325℃）热脱附，载气流经吸附管的方向应与采样时气体进入吸附管的方向相反。样品组分经热脱附后随脱附气进入气相色谱进行分离。气相色谱的进样口温度设置为 200℃，采用毛细管色谱柱（例如长度 30m、内径 0.25mm、涂渍厚度为 1.4μm 的 6% 腈丙基苯基-94% 二甲基聚硅氧烷固定液）对样品组分进行分离，初始柱温 30℃，保持 3.2min 后以 11℃/min 的速度升温至 200℃ 并保持 3min。载气使用氦气，流速为 1.2mL/min，分流比为 5:1。异味样品中的各组分经色谱柱分离后，依次进入串联的质谱检测器中进行分析。色谱与质谱连接口的温度设定为 280℃，质谱的离子源温度为 230℃，使用电子轰击源（EI）以全扫描模式进行分析，离子化能力为 70eV，扫描范围为 35~270amu。通过异味样品中目标物组分的保留时间和质谱图比对实现对各组分的定性分析，采用外标法或内标法对各组分的浓度进行定量分析（图 5-10）。

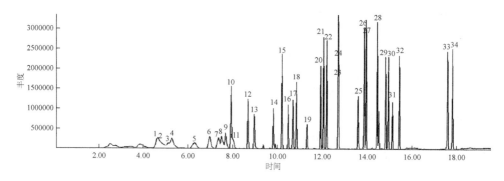

图 5-10　目标物的总离子流色谱图

每次采样前，应抽取 20% 的吸附管进行空白检验。当采样数量少于 10 个时，应至少抽取 2 根。空白吸附管中相当于 2L 采样量的目标物浓度应小于检测限，否则应对吸附管进行重新老化。每次分析样品前应用一根空白吸附管代替样品吸附管用于测定系统空白，系统空白小于检出限后才能分析样品。每 12h 应做一个校准曲线中间浓度校核点，中间浓度校核点测定值与标准曲线响应点浓度的相对误差不应超过 30%。异味样品分析过程中，需同时对现场空白样品进行分析。现场空白样品中检测的单个目标物的检出量应小于样品中相应检出量的 10% 或与空白吸附管检出量相当。样品分析完成后，需取下吸附管重新老化和保存，以备下一次采样使用。

美国环境保护局（EPA）发布的《TO—17 吸附管主动采样法测定环境空气中的挥发性有机物》方法可用于 41 种挥发性有机物的测定，其中包含苯、甲苯、苯乙烯、氯苯、三氯甲烷等常见的挥发性有机异味物质。TO—17 方法中还推荐了不同组合类型的多重吸附管填充方案。例如，Tenax GR/Carbopack B、Carbopack B/Carboxen 1000、Carbopack B/Carbosieve SⅢ、Carbopack C/Carbopack B/Carboxen 1000、Carbopack C/Carbopack B/Carbosieve SⅢ 等。多重吸附管将吸附能力较弱、中等和较强的吸附剂串联组合装填，大幅提升了吸附管采样法对目标物的有效采样范围，特别适用于多组分复杂异味样品。

5.7.2　氨与脂肪胺

（1）氨

氨是一种十分典型的无机异味物质，具有强烈的刺激性气味，广泛存在于污水处理、垃圾填埋、畜禽养殖等行业排放的异味气体中。异味气体中的氨通常采用溶液吸收法进行浓缩采集，然后用分光光度法进行分析，例如次氯酸钠-水杨酸分光光度法、纳氏试剂分光光度法等。

溶液吸收/次氯酸钠-水杨酸分光光度法：用 10mL 稀硫酸作吸收液采集异味气体样品中的氨，采样流速一般为 0.5~1.0L/min。稀硫酸溶液吸收氨后与之反应生成硫酸铵。向采样后的吸收液中加入 1.0mL 水杨酸-酒石酸钾钠溶液，2 滴亚硝基铁氰化钠溶液和 2 滴次氯酸钠溶液，摇匀后放置 1h。用 10mm 比色皿，于波长 697nm 处，以水为参比，测定吸光度。吸光度值与氨的含量成正比，根据标准曲线法计算样品中氨的浓度。次氯酸钠-水杨酸分光光度法对氨的检出限为 $0.1\mu g/10mL$ 吸收液。当吸收液总体积为 10mL，异味气体样品的采样体积为 1~4L 时，氨的检出限为 $0.025mg/m^3$，测定下限为 $0.10mg/m^3$，测定上限为 $12mg/m^3$。当吸收液总体积为 10mL，异味气体样品的采样体积为 25L 时，氨的检出限为 $0.004mg/m^3$，测定下限为 $0.016mg/m^3$。当异味气体样品中含有较高浓度的有机胺（浓度高于 $1mg/m^3$）时会对该方法的测定产生干扰，此时该方法不再适用。次氯酸钠-水杨酸分光光度法是我国生态环境部颁布的环境空气中氨的测定标准方法之一（HJ 534—2009），适用于环境空气和恶臭源厂界空气中氨含量的测定。

溶液吸收-纳氏试剂分光光度法：用 10mL 稀硫酸作吸收液采集异味样品气体中的氨，采样流速为 0.5~1.0L/min。氨与稀硫酸溶液反应生成铵离子，铵离子与纳氏试剂反应生成黄棕色络合物，在 420nm 波长处测量吸光度。该络合物的吸光度与氨的含量在一定范围内成正比，可以根据标准曲线法计算样品中氨的浓度。纳氏试剂分光光度法对氨的检出限为 $0.5\mu g/10mL$ 吸收液。当吸收液体积为 10mL，采气 45L 时，氨的检出限为 $0.01mg/m^3$，测定下限 $0.04mg/m^3$，测定上限 $0.88mg/m^3$。当异味气体样品中含有甲醛等有机物时可能会产生沉淀而干扰测定，可以在比色前用 0.1mol/L 的盐酸溶液将吸收液酸化到 pH 小于 2 然后煮沸去除。样品中若存在硫化物时也可能会使吸收液产生异色而引起干扰，此时可在样品溶液中加入稀盐酸去除干扰。纳氏试剂分光光度法是我国生态环境部颁布的环境空气和废气中氨的测定标准方法之一（HJ 533—2009），适用于环境空气和工业废气等恶臭污染环境中氨含量的测定。

(2) 三甲胺

三甲胺等脂肪胺类物质是一类典型的恶臭性异味物质，具有鱼腥气味，主要产生于动植物腐败分解过程，是垃圾和污水处理、畜禽养殖、水产加工等行业散发的代表性异味物质之一。三甲胺异味气体一般可采用气相色谱法、气相色谱-质谱联用法分析测定。

溶液吸收-顶空/气相色谱法：采用两支串联的 25mL 气泡吸收瓶采集异味气

体样品中的三甲胺，两瓶内各装 10mL 稀盐酸或稀硫酸吸收液，采样流速为 0.5~1.0L/min，连续采样至少 20min。采样完成后，将两支吸收瓶中的样品溶液分别移入两支 10mL 比色管中，用适量的吸收液冲洗吸收瓶内壁，润洗液一并移入比色管中，定容至刻度。取两支顶空瓶，向每支瓶中都分别加入 3.2g 氯化钠和 1.0g 硫酸钾，然后将上述定容后的样品溶液分别定量转移至两支顶空瓶中。加入 0.5mL 氢氧化钠溶液和 0.1mL 氨水，立即密封顶空瓶，轻摇至盐溶解。在 80℃下加热密封瓶中的溶液 30min，使三甲胺从溶液中挥发至上方的顶空中并达成气液两相到热力学动态平衡，此时顶空中气相三甲胺的浓度与溶液中液相三甲胺的浓度成正比。取平衡后的顶空气体 1mL 注入气相色谱进样。样品中的组分经色谱分离后，由氢火焰离子化检测器或氮磷检测器进行检测。根据色谱峰的保留时间对三甲胺进行定性鉴定，采用标准曲线法对三甲胺的含量进行定量分析。两支串联的吸收瓶内三甲胺含量的加和为异味气体样品中采集的三甲胺的总量（第二支吸收瓶中三甲胺的含量需要小于三甲胺总量的 10%，否则应重新采集样品），然后结合采样体积可计算异味气体样品中三甲胺的浓度。采用氢火焰离子化检测器时，当异味气体采样体积为 20L，吸收液体积为 10mL 时，方法检出限为 $0.004mg/m^3$，测定下限为 $0.016mg/m^3$。采用氮磷检测器时，当异味气体采样体积为 20L，吸收液体积为 10mL 时，方法检出限为 $0.0007mg/m^3$，测定下限为 $0.0028mg/m^3$。溶液吸收-顶空/气相色谱法是我国生态环境部颁布的环境空气和废气中三甲胺的测定标准方法之一（HJ 1042—2019）。

直接进样-气相色谱/质谱法：采用气相色谱/质谱联用仪分析三甲胺异味气体时，可以参考 HJ 1042—2019 标准用溶液吸收法对三甲胺进行浓缩富集，然后顶空进样分析，也可以对异味气体样品进行直接进样分析。直接进样时，用进样针取 1mL 异味气体样品注入气相色谱的进样口，样品经色谱分离后进入质谱检测器进行定性鉴定和定量分析。当质谱检测器采用选择离子模式定量时，气相色谱-质谱联用仪对三甲胺气体的检出限可达 $0.05mg/m^3$。

5.7.3　含硫异味物质

硫化氢、硫醇、硫醚等含硫异味物质是十分典型的恶臭性异味气体。硫化氢具有臭鸡蛋气味和很低的嗅觉阈值，甲硫醇、乙硫醇，甲硫醚、乙硫醚、二甲基二硫醚等有机硫化合物具有烂菜心臭味和极低的嗅觉阈值，这些含硫异味物质广泛存在于污水处理、垃圾填埋、畜禽养殖、石油化工等行业排放的异味气体中，引起严重的异味污染。异味气体中的硫化氢通常采用溶液吸收-亚甲蓝分光光度法或气相色谱法进行分析测定，硫醇、硫醚等有机硫化合物一般采用气相色谱法进行测定。

溶液吸收-亚甲蓝分光光度法检测硫化氢：称取 4.3g 硫酸镉（3CdSO₄ ·

$8H_2O$)、0.3g 氢氧化钠和 10g 聚乙烯醇磷酸铵分别溶于水中，采样前将三种溶液混合，强烈振摇至完全混溶，然后用水稀释至 1L，作为吸收液。用 10mL 上述吸收液避光采集异味气体样品中的硫化氢，采样流速为 0.5 ~ 1.5L/min，采样体积为 30L。采样后将样品溶液置于暗处保存并在 6h 内加入 1mL 混合显色液，或在采样现场加显色液后带回实验室，在当天内比色测定。用 20mm 比色皿，于波长 665nm 处，以水为参比，测定吸光度。吸光度值与硫化氢的含量成正比，根据标准曲线法计算样品中硫化氢的浓度。当吸收液体积为 10mL，采气 30L 时，亚甲蓝分光光度法对硫化氢的检出限为 $0.005mg/m^3$，可测定的浓度范围是 0.005 ~ $0.13mg/m^3$。若硫化氢的浓度超过测定上限，则应适当减小采样体积，或取部分样品溶液进行分析。当样品气体中二氧化硫的浓度小于 $1mg/m^3$，二氧化氮的浓度小于 $0.6mg/m^3$ 时不会对该方法的测定产生干扰。亚甲蓝分光光度法是我国大气中硫化氢检测的标准方法之一（GB 11742—89）。

气相色谱法检测含硫异味物质：环境空气中的硫化氢、甲硫醇、甲硫醚、二甲基二硫醚等含硫异味物质可以采用气相色谱进行分离，然后采用火焰光度检测器进行定性和定量分析。当空气中含硫异味物质的浓度较高时，可以采用直接进样–气相色谱/火焰光度检测器法进行分析，使用注射器直接抽取异味空气样品 1 ~ 2mL 注入安装有火焰光度检测器的气相色谱仪中进行分析。直接进样–气相色谱/火焰光度检测器法对硫化氢、甲硫醇、甲硫醚、二甲基二硫醚的检出限约为 $1mg/m^3$。当空气中含硫异味物质的浓度低于 $1mg/m^3$ 时，一般需要对样品进行浓缩富集。例如，用不锈钢罐采集 1L 异味气体样品，参考《(HJ 759—2015) 环境空气 挥发性有机物的测定 罐采样/气相色谱–质谱法》标准方法，使用冷阱浓缩仪对样品中的含硫目标物进行浓缩，然后加热脱附进入气相色谱分离，并由火焰光度检测器或质谱检测器进行定性定量分析。采样体积为 1L 时，冷阱富集–气相色谱/火焰光度检测器法对硫化氢、甲硫醇、甲硫醚、二甲基二硫醚异味气体的检出限可达 $0.0002mg/m^3$。气相色谱/火焰光度检测器法是我国空气中硫化氢、甲硫醇、甲硫醚和二甲基二硫醚测定的标准方法之一（GB/T 14678—93）。

5.7.4 挥发性脂肪醛

挥发性脂肪醛（例如戊醛、己醛、庚醛等）是化工、皮革、医药等行业产生的典型异味物质，具有强烈的刺激性气味。目前对挥发性脂肪醛类物质的常用分析方法是衍生–高效液相色谱法或衍生–气相色谱法。

衍生–高效液相色谱法：美国 EPA TO—11 中采用的 2,4-二硝基苯肼衍生富集–高效液相色谱分析法是目前分析这类物质最常用的方法之一。涂覆在固体吸附剂上的 2,4-二硝基苯肼可以与异味气体中的低级脂肪醛类物质形成稳定的衍生物 2,4-二硝基苯腙，经乙腈等洗脱后进入高效液相色谱中进行分离，由紫外检测器进行定性鉴定，并采用标准曲线法进行定量分析。该方法具有很高的特异性和灵敏度，可以测定皮克（pg）级别的醛类物质。目前，商业化的 2,4- 二硝基苯肼衍生小柱已广泛应用于挥发性脂肪醛等羰基类化合物的检测。

参 考 文 献

［1］（德）安德莉亚·比特纳. 施普林格气味手册（下）. 王凯，等译. 北京：科学出版社，2021.

［2］但德忠. 环境分析化学. 北京：高等教育出版社，2009.

［3］胡坪，王氢. 仪器分析. 北京：高等教育出版社，2019.

［4］张胜军，刘劲松. 地表水异味特征有机物质监测技术. 北京：化学工业出版社，2018.

［5］Chuandong Wu, Mushui Shu, Xuan Liu, et al. Characterization of the volatile compounds emitted from municipal solid waste and identification of the key volatile pollutants. Waste Management，2020，103：314-322.

［6］Dezhao Liu, Tavs Nyord, Li Rong. Real- time quantification of emissions of volatile organic compounds from land spreading of pig slurry measured by PTR- MS and wind tunnels. Science of The Total Environment，2018，639：1079-1087.

第6章 异味污染扩散评价技术

异味污染物大多具有较强的挥发性或在常温下呈气态，可以通过空气介质进行扩散传播。工业园区、垃圾处理厂、畜禽养殖场等污染源散发的异味气体扩散传播后，会造成周围较大范围的异味污染。因此，在异味污染源背景调查的基础上，需要收集污染源周边的大气扩散参数，模拟异味污染物的扩散传输模式，对异味污染的传播路径和影响范围进行有效的分析评价，指导异味污染的防控和分析治理策略。

6.1 异味污染扩散的基本理论

6.1.1 大气层结构

根据气温在垂直于下垫面（即地球表面）方向上的分布，可将大气层由地表向外依次分为对流层、平流层、中间层、暖层和散逸层。对流层是大气层中最低的一层，虽然厚度较薄，但却集中了整个大气质量的 3/4 和几乎全部的水蒸气，主要的大气现象都发生在这一层中，因此它是天气变化最复杂、对人类活动影响最大的一层。此外，对流层中空气的温度随距离地面高度的增加而降低，并且由于受地面冷热不均等因素的影响而具有强烈的对流运动。

根据受地面影响程度的大小，对流层又可分为大气边界层（或称摩擦层）和自由层。大气边界层位于对流层的下层，厚度约 1km，其中从地面到距地面 50 ~ 100m 左右高度的一层又称近地层。在近地层中，由于垂直方向上的热量和动量交换较少，所以上下大气之间气温的差异较大，可达 1 ~ 2℃。在近地层以上，气流受地摩擦和阻滞的影响越来越小。大气边界层以上的大气，称为自由大气。自由大气的流动有两个特征：无黏性力（无摩擦力）和无惯性力（无加速度）。

在大气边界层中，由于受到地面冷热变化的直接影响，大气上下有规则的对流运动和无规则的湍流运动都比较盛行，加上水汽充足，所以直接影响着异味污染物的传输、扩散和转化，异味污染物在空气中的传输扩散大部分都发生在这一层[3,4]。

6.1.2 主要气象要素

表示大气状态的物理量和物理现象称为气象要素。气象要素主要有气温、气压、气湿、风向、风速、云况、能见度等[4]。

（1）气温

气象上讲的地面气温一般是指距地面 1.5m 高度处的百叶箱中观测到的空气温度。表示气温的单位一般用摄氏温度（℃）或热力学温度（K）。大气的气温变化十分明显，昼夜可相差十几甚至几十摄氏度。

（2）气压

气压是指大气的压力。气压单位用帕（Pa），$1Pa=1N/m^2$。气象上常采用百帕（hPa）作单位，$1hPa=100Pa$。国际上规定：温度 0℃、纬度 45°的海平面上的气压为一个标准大气压，即

1 个标准大气压 $p_0=101325Pa=1013.25hPa$

（3）气湿

空气的湿度简称气湿，表示空气中水汽含量的多少。气湿常用的表示方法有绝对湿度、相对湿度、水汽压、饱和水汽压、含湿量、水汽体积分数及露点等。

绝对湿度指在 $1m^3$ 湿空气中含有的水汽质量（kg）。相对湿度是指空气中的绝对湿度占同温度下饱和空气的绝对湿度的百分比。

（4）风向和风速

水平方向上的空气运动称为风。风是一个矢量，具有大小（风速）和方向（风向）。风向是指风的来向；风速是指单位时间内空气在水平方向运动的距离，单位用 m/s 或 km/h 表示。

风对进入大气中的异味污染物有两种作用，一是随着风的方向对异味污染物进行传输；二是对异味污染物进行稀释。因此，异味污染事件都发生在污染源的下风向。由于风向与风速变化频繁，所以在对异味污染的传输扩散进行评价时，必须注意分析地区的风向频率，一般可绘制风向玫瑰图，如图 6-1 所示。风向玫瑰图是根据某地区一年或多年的风频率数据按一定比例绘制而成，一般用 16 方位表示，由于形状酷似玫瑰花朵而得名。

风向玫瑰图上所表示风的吹向，是指从外部吹向地区中心的方向，各方向上按统计数值画出的线段，表示此方向风频率的大小，线段越长表示该风向出现的次数越多。若将各个方向上表示风频的线段按风速数值百分比绘制成不同颜色的分线段，则可以表示出各风向的平均风速，此类统计图称为风频风速玫瑰图，如图 6-2 所示。风频风速玫瑰图是风向玫瑰图的一种，它可以反映某一地区的风频和风速[2]。

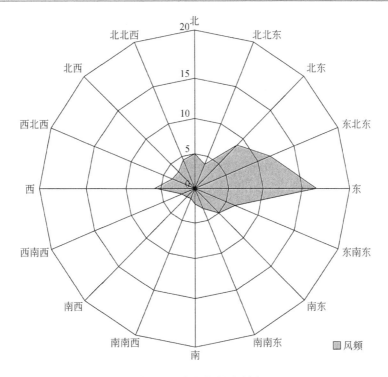

图 6-1　风速玫瑰图示例

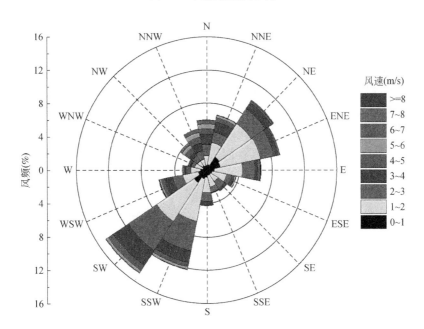

图 6-2　北京某地区 2017 年风频风速玫瑰图

　　风向玫瑰图可以直观地反映异味污染源所在地区全年各风向的出现频率，风频最大的风向称为主导风向，异味污染源的下风向区域往往是受异味污染概率最大的区域。

　　大气边界层，特别是近地层的气流运动受地面摩擦和阻滞的影响大，因此风速变化较大，并且风速随离地高度的增加而增大。当异味污染源的散发速率相对固定时，风速增大会使污染源散发出的异味气体被混入更多的背景清洁空气，使异味污染的程度减轻；风速较小时，不利于异味污染物的扩散稀释。因此，低风速或者静风条件下更容易发生严重的异味污染。

　　（5）云况

　　云是飘浮在空中的水汽凝结物。这些水汽凝结物是由大量小水滴或小冰晶或两者的混合物构成。云的生成与否、形成特征、量的多少、分布及演变，不仅反映了当时大气的运动状态，而且预示着天气演变的趋势。

　　云对太阳辐射和地面辐射起反射作用，反射的强弱视云的厚度而定。白天，云的存在阻挡太阳向地面辐射，所以阴天地面受到的太阳辐射减少。夜间云层的存在，特别是有浓厚的低云时，使地面向上的长波辐射反射回地面，因此地面不容易冷却。云层存在的效果是使气温随高度的变化程度减小。从大气中异味污染物扩散的角度来看，主要关心的是云高和云量。

　　云高是指云底距地面的高度，根据云底高度可将云分为高云、中云和低云。高云的云底高度一般在 5000m 以上，它是由冰晶组成的，云体呈白色，有蚕丝般光泽，薄而透明。中云的云底高度一般在 2500 ~ 5000m 之间，由过冷的微小水滴和冰晶构成，颜色为白色或灰白色，没有光泽，云体稠密。低云的云底高度一般在 2500m 以下。不稳定气层中的低云常分散为孤立的大云块，稳定气层中的低云云层低而黑，结构稀松。

　　云量是指云遮蔽天空的成数。我国将天空分为十等份，云遮蔽了几份，云量就是几。例如碧空无云，云量为零；阴天云量为十。国外常将天空分为八等份，云遮蔽几份，云量就是几。两者间的换算关系为：

　　国外八等份云量×1.25 = 我国十等份云量

　　总云量：指所有云遮蔽天空的成数，不论云的层次和高度。

　　低云量：指低云遮蔽天空的成数。

6.1.3　大气稳定度

　　大气稳定度与异味污染物在大气中的扩散方式有密切关系[10,11]。

　　大气稳定度是指在垂道方向上大气稳定的程度，即是否易于发生对流，可用空气受到垂直方向扰动后具有返回或远离原平衡位置的趋势来表示。例如，大气中某一高度的空气块如果受到外力的作用产生了上升或下降运动，那么当外力去除后可能会发生三种情况：

①气块减速并且有返回原来高度的趋势，则称这种大气是稳定的；

②气块加速上升或下降，称这种大气是不稳定的；

③气块被外力推到某一高度后，既不加速也不减速，保持不动，称这种大气是中性的。

大气稳定度有多种分类方法。我国《制定地方大气污染物排放标准的技术方法（GB/T 3840—91）》标准中采用帕斯奎尔（Pasquill）稳定度分类法，将大气稳定度分为强不稳定、不稳定、弱不稳定、中性、较稳定和稳定六级，分别用A、B、C、D、E和F表示。帕斯奎尔分类法适用于平原地区，这种方法首先需要计算出太阳高度角，然后根据太阳高度角和云量查出太阳辐射等级，再结合太阳辐射等级与地面风速查出大气稳定度等级（表6-1）。

表6-1　我国大气稳定度等级划分

地面风速 $\bar{u}_{10}$（距地面 10m 处）（m/s）	白天太阳辐射			阴天的白天或夜间	有云的夜间	
	强	中	弱		薄云遮天或低云≥5/10	云量≤4/10
<2	A	A ~ B	B	D		
2 ~ 3	A ~ B	B	C	D	E	F
3 ~ 5	B	B ~ C	C	D	D	E
5 ~ 6	C	C ~ D	D	D	D	D
>6	C	D	D	D	D	D

注：稳定度级别中，A为强不稳定，B为不稳定，C为弱不稳定，D为中性，E为较稳定，F为稳定。

稳定度级别A ~ B表示按A、B级的数据内插。

夜间定义为日落前1h至日出后1h。

6.1.4　大气湍流

大气湍流是指大气的无规则运动，大气湍流会导致风速的脉动和风向的摆动。

大气湍流按照形成的原因可以分为两种：一是由于垂直方向温度分布不均匀引起的热力湍流，其强度主要取决于大气稳定度；二是由于垂直方向风速分布不均匀以及地面粗糙度引起的机械湍流，其强度主要取决于风速梯度和地面粗糙度。实际的大气湍流是这两种湍流共同作用的结果。

湍流和风是决定异味污染物在大气中传输扩散模式的本质因素，但二者的作用机制不同。在风的作用下，异味污染物气团沿风向被拉长和稀释；而在湍流的作用下，异味污染物气团能够迅速沿三维空间展开。湍流对气体分子具有较强的扩散能力，比分子扩散快 $10^5 \sim 10^6$ 倍。但在风场运动的主风向方向上，平均风速比脉动风速大得多，因此在主风向上风的平流输送作用是主要的。总的来说，风速越大，湍流越强，大气中异味污染物的扩散和稀释速度越快，污染物的浓度就越低。

大气扩散的基本问题，是研究湍流与污染物烟羽传播和浓度衰减的关系问题。目前处理这类问题主要有梯度输送理论和湍流统计理论等。

梯度输送理论是通过类比菲克（Fick）扩散理论而建立。菲克认为分子扩散的规律与傅里叶提出的固体中热传导的规律类似，皆可用相同的数学方程式描述。湍流梯度输送理论进一步假定，由大气湍流引起的某物质的扩散类似于分子扩散，并可用同样的分子扩散方程描述。为了求得各种条件下污染物的时、空分布，必须对分子扩散方程在进行扩散的大气湍流场的边值条件下求解。然而由于边界条件往往很复杂，不能求出严格的解析解，只能是在特定的条件下求出近似解，再根据实际情况进行修正。

湍流统计理论是应用统计学方法研究湍流扩散问题。1921 年，泰勒（Tayler）提出了脉动速度关联函数的概念，提出了著名的泰勒公式，并开创了湍流统计理论研究工作。萨顿（Sutton）应用泰勒公式提出了解决污染物在大气中扩散的实用模式。高斯（Gaussian）在大量实测资料与分析的基础上，应用湍流统计理论得到了正态分布假设下的大气扩散模式，即通常所说的高斯扩散模式，是目前最常用的大气扩散模式之一。

6.2　高斯扩散模式

高斯扩散模式是高斯应用湍流统计理论，在大量实验数据资料分析以及正态分布假设的基础上，得到的污染物在大气中的扩散模式。高斯扩散模式在异味污染扩散模拟方面广泛应用。经过多年的研究试验，国内外学者建立了多种高斯扩散模式，模拟污染物在不同条件下的扩散传输过程[2,9,12]。

6.2.1　高斯扩散模式的基本假设

高斯扩散模式的坐标系是以排放源为原点构建的右手坐标系，如图 6-3 所示。对于点源散发异味污染物的场景，坐标系的原点是排放点（无界点源、地面点源或高架点源在地面的投影），x 轴的正向是平均风向，y 轴的正向在 x 轴的左侧，z 轴的正向为向上方向。在这种坐标系中，污染物烟羽的中心线或与 x 轴重合，或在 xOy 面的投影为 x 轴。后面所介绍的高斯扩散模式都是在这种坐标系中导出的[1]。

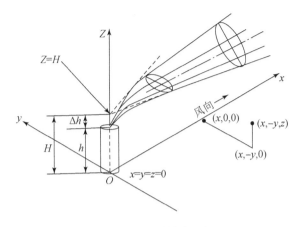

图 6-3　高斯扩散模式坐标系

理论和实验研究证明，对于连续点源排放的平均烟羽，其浓度分布符合正态分布。因此可以对高斯扩散模式作如下假设：

①污染物浓度在 y 轴、z 轴向上的分布符合高斯分布（正态分布）；

②在全部空间中风速是均匀和稳定的；

③污染源散发异味物质是连续和均匀的；

④在扩散过程中污染物质的质量守恒，不发生化学转化。

6.2.2　无界空间连续点源扩散模式

对于无界空间中位置在坐标原点（0，0，0）的连续点源，由高斯扩散模式的正态分布假设①可以写出下风向任一点（x，y，z）的污染物平均浓度分布的函数为：

$$C(x,y,z) = A(x)\,\mathrm{e}^{-ay^2}\,\mathrm{e}^{-bz^2} \tag{6-1}$$

由概率统计理论可以写出方差的表达式为：

$$\sigma_y^2 = \frac{\int_0^\infty y^2 \rho \mathrm{d}y}{\int_0^\infty \rho \mathrm{d}y}, \quad \sigma_z^2 = \frac{\int_0^\infty z^2 \rho \mathrm{d}z}{\int_0^\infty \rho \mathrm{d}z} \tag{6-2}$$

由假设④可以写出点源散发速率的积分式为：

$$\mathrm{ER} = \int_0^\infty \int_0^\infty \bar{u} \rho \mathrm{d}y \mathrm{d}z \tag{6-3}$$

式中，σ_y：距原点 x 处烟羽中污染物在横向分布的标准差，m；σ_z：距原点 x 处烟羽中污染物在纵向分布的标准差，m；C：任一点处污染物的浓度，mg/m³；$\bar{u}$：平均风速，m/s；ER：散发速率，mg/s；A，a，b：系数。

上述方程中，可以测量或计算的已知量散发速率 ER、平均风速 $\bar{u}$、标准差 σ_y 和 σ_z，未知量有浓度 C、待定函数 $A(x)$、待定系数 a 和 b。因此，联立上述方程组可以求解。

将式（6-1）代入式（6-2）中，积分后得到：

$$a=\frac{1}{2\sigma_y^2},\quad b=\frac{1}{2\sigma_z^2} \tag{6-4}$$

将式（6-1）和式（6-4）代入式（6-3）中，积分后得到：

$$A(x)=\frac{\text{ER}}{2\pi\bar{u}\sigma_y\sigma_z} \tag{6-5}$$

再将式（6-4）和式（6-5）代入式（6-1）中，便得到无界空间连续点源扩散的高斯扩散模式：

$$C(x,y,z)=\frac{\text{ER}}{2\pi\bar{u}\sigma_y\sigma_z}\exp\left[-\left(\frac{y^2}{2\sigma_y^2}+\frac{z^2}{2\sigma_z^2}\right)\right] \tag{6-6}$$

式（6-6）即为无界空间连续点源的高斯扩散模式，可用于计算下风向任一点处的异味污染物浓度。

6.2.3　高架连续点源扩散模式

具有一定排放高度的异味污染物连续散发源，例如工厂的烟囱、排气筒等，虽然其大小不一，但只要不是讨论很近距离的污染扩散问题，在实际应用中都可以近似为高架连续点源。

对于地面投影在坐标原点（0，0，0）的高架连续点源，分析其异味污染物的扩散问题时需要考虑地面对扩散的影响。根据前述的假设④，可以认为异味污染物不发生沉降或化学反应，地面像镜面一样对异味污染物起全反射作用。按全反射原理，可以用"像源法"来处理[1,3]。

对于源高度为 H 的高架连续点源，可以把扩散到 P 点处的异味污染物浓度看成是两部分之和：一部分是不存在地面时由位置在（0，0，H）的实源在 P 点处造成的浓度；另一部分是由于地面反射作用所增加的污染物浓度，这部分可以看成位置在（0，0，$-H$）的像源在 P 点所造成的污染物浓度。

实源的贡献：P 点在以实源为原点的坐标系中的垂直坐标（距烟羽中心线的垂直距离）为（$z-H$）。当不考虑地面影响时，它在 P 点所造成的异味污染物的浓度按式（6-6）计算，即

$$C_1=\frac{\text{ER}}{2\pi\bar{u}\sigma_y\sigma_z}\exp\left\{-\left[\frac{y^2}{2\sigma_y^2}+\frac{(z-H)^2}{2\sigma_z^2}\right]\right\} \tag{6-7}$$

像源的贡献：P 点在以像源为原点的坐标系中的垂直坐标（距像源的烟羽中心线的垂直距离）为（$z+H$）。它在 P 点所造成的异味污染物的浓度也按式（6-6）计

算，即

$$C_2 = \frac{\mathrm{ER}}{2\pi \bar{u}\sigma_y\sigma_z}\exp\left\{-\left[\frac{y^2}{2\sigma_y^2}+\frac{(z+H)^2}{2\sigma_z^2}\right]\right\} \tag{6-8}$$

P 点的实际异味污染物浓度为实源和像源的贡献之和，即 C_1 与 C_2 之和，即

$$C(x,y,z) = \frac{\mathrm{ER}}{2\pi \bar{u}\sigma_y\sigma_z}\exp\left(-\frac{y^2}{2\sigma_y^2}\right)\left\{\exp\left[-\frac{(z-H)^2}{2\sigma_z^2}\right]+\exp\left[-\frac{(z+H)^2}{2\sigma_z^2}\right]\right\} \tag{6-9}$$

式（6-9）即为高架连续点源的高斯扩散模式，可用于计算下风向任一点处的异味污染物浓度。

6.2.4　地面连续点源扩散模式

地面连续点源可以理解为有效源高 $H=0$ 的高架连续点源，其扩散模式可由高架连续点源扩散模式（6-9）中令有效源高 $H=0$ 得到，即

$$C(x,y,z) = \frac{\mathrm{ER}}{\pi \bar{u}\sigma_y\sigma_z}\exp\left[-\left(\frac{y^2}{2\sigma_y^2}+\frac{z^2}{2\sigma_z^2}\right)\right] \tag{6-10}$$

比较式（6-6）和式（6-10）可以发现，地面连续点源在下风向任一点处造成的异味污染物浓度正好是无界空间连续点源在相同位置造成的异味污染物浓度的 2 倍。

6.2.5　污染物浓度的计算

（1）扩散参数

高斯扩散模式中的扩散参数 σ_y 和 σ_z，可以现场测定或通过模拟实验确定，或者根据实测和实验数据归纳得到的经验公式或图表估算。

P-G 扩散曲线法是一种常用的扩散参数估算方法。帕斯奎尔（Pasquill）于 1961 年推荐了一种仅需常规气象观测资料就可估算 σ_y 和 σ_z 的方法。吉福德（Gifford）进一步将它制成更方便应用的图表，所以这种方法简称 P-G 扩散曲线法[3]。

P-G 扩散曲线法首先根据太阳辐射情况（云量、云状和日照）和距地面 10m 高处的风速确定大气稳定度等级。然后根据大量的扩散实验数据和理论上的考虑，用扩散曲线来表示每一个大气稳定度级别下的 σ_y 和 σ_z 随下风距离 x 的变化。根据大气稳定度等级、扩散曲线和下风向距离计算扩散参数 σ_y 和 σ_z，计算方法参考《制定地方大气污染物排放标准的技术方法》（GB/T 3840—91）。

（2）污染物浓度

对于各种情况下的高斯扩散模式，在确定了扩散参数 σ_y 和 σ_z 的值之后，可

以便捷地计算出下风向任意点的污染物浓度值。

在实际应用时，异味污染物在地面附近的浓度备受关注。对于高架连续点源的扩散模式［式（6-9）］，令 $z=0$，就可得到高架连续点源扩散至周围某处的地面异味污染物浓度计算公式：

$$C(x,y,0)=\frac{ER}{\pi \bar{u}\sigma_y\sigma_z}\exp\left(-\frac{y^2}{2\sigma_y^2}\right)\exp\left(\frac{-H}{2\sigma_z^2}\right) \tag{6-11}$$

再令 $y=0$，便得到了高架连续点源的地面轴线浓度公式：

$$C(x,0,0)=\frac{ER}{\pi \bar{u}\sigma_y\sigma_z}\exp\left(\frac{-H}{2\sigma_z^2}\right) \tag{6-12}$$

对于地面连续点源，可参考 $H=0$ 时的高架连续点源扩散模式，其地面轴线浓度公式为：

$$C(x,0,0)=\frac{ER}{\pi \bar{u}\sigma_y\sigma_z} \tag{6-13}$$

地面最大浓度 c_{max} 和出现地面最大浓度的扩散距离 x_{max} 也是人们重点关心的两个参数。为了简化计算，假设 σ_y/σ_z 为常数，然后将式（6-12）对 σ_z 求导并取极值，可求得：

当 $\sigma_z\mid_{x=x_{C_{max}}}=\frac{H}{\sqrt{2}}$ 时，地面浓度出现最大值：

$$c_{max}=\frac{2ER}{\pi \bar{u}H^2 e}\times\frac{\sigma_z}{\sigma_{y_{max}}} \tag{6-14}$$

式中，C：任一点的污染物的质量浓度，mg/m^3；ER：散发速率，单位时间内污染物的排放量，mg/s；σ_y：横向扩散参数，污染物在 y 方向分布的标准偏差，是距离 x 的函数，m；σ_z：垂直扩散参数，污染物在 z 方向分布的标准偏差，是距离 x 的函数，m；$\bar{u}$：排放口处的平均风速，m/s；H：有效源高，m；x：污染源排放点至下风向上任一点的 x 轴方向距离，m；y：污染源排放点至下风向上任一点的 y 轴方向距离，m；z：污染源排放点至下风向上任一点的 z 轴方向距离，m。

（3）烟气抬升高度

某些情况下，连续点源（例如烟囱或排气筒）排放的异味气体是具有一定速度的热气，这种热气烟羽从排气筒排出后，可以继续上升一定高度，相当于增加了排气筒的几何排放高度。这种情况下，排气筒的有效高度 H_e 应为排气筒距地面的几何高度 H 与烟羽抬升高度 ΔH 之和，即

$$H_e=H+\Delta H$$

烟羽抬升高度 ΔH 主要由两方面原因决定，一是排气筒出口处烟羽的初始动量，二是排气筒出口处烟羽的温度 T。烟羽的初始动量取决于烟羽的出口流速以

及烟囱的出口内径。热气烟羽从排气筒出口流出时，其温度 T_s 一般高于周围的环境大气温度 T_a，此时烟羽不仅有动量抬升，还有浮力抬升，浮力抬升的高度取决于烟羽与周围环境大气之间的温差（T_s-T_a）[1]。

国际上常用的烟羽抬升高度计算方法有霍兰德（Holland）公式法和布里格斯（Briggs）公式法等。我国《制定地方大气污染物排放标准的技术方法（GB/T 3840—91）》标准中对烟羽抬升高度 ΔH 的计算方法如下：

当烟羽的热释放率 $Q_h \geqslant 2100 \mathrm{kJ/s}$，并且烟气温度与环境温度的差值（$T_s-T_a$）$\geqslant 35\mathrm{K}$ 时：

$$\Delta H = n_0 \times Q^{n_1} \times H^{n_2} \times V_a^{-1} \tag{6-15}$$

$$Q = 0.35 \times P_a \times Q_v \times \frac{\Delta T}{T_s} \tag{6-16}$$

$$\Delta T = T_s - T_a \tag{6-17}$$

式中，ΔH：烟羽抬升高度，m；n_0：烟气热状况及地表状况系数，按表 6-2 选取；n_1：烟气热释放率指数，按表 6-2 选取；n_2：烟囱高度指数，按表 6-2 选取；Q_h：热释放率，kJ/s；H：排气筒距地面的几何高度，m；P_a：大气压力，hPa，取邻近气象站年平均值；Q_v：实际排烟率 $\mathrm{m^3/s}$；ΔT：烟气出口温度与环境温度差，K；T_s：烟气出口温度，K；T_a：环境大气温度，K，取排气筒所在市（县）邻近气象台（站）最近 5 年平均气温；V_a：烟囱出口处环境平均风速，m/s。以排气筒所在市（县）邻近气象台（站）最近 5 年平均风速，按幂指数关系换算到烟囱出口高度的平均风速。

$$Z_2 \leqslant 200\mathrm{m} \quad V_a = V_1 \left(\frac{Z_2}{Z_1}\right)^m \tag{6-18}$$

$$Z_2 > 200\mathrm{m} \quad V_a = V_1 \left(\frac{200}{Z_1}\right)^m \tag{6-19}$$

式中，V_1：邻近气象台（站）Z_1 高度 5 年平均风速，m/s；Z_1：相应气象台（站）测风仪所在的高度，m；Z_2：烟囱出口处高度（与 Z_1 有相同高度基准），m；m：按表 6-3 选取。

表 6-2 系数 n_0、n_1、n_2 的选取

Q_h(kJ/s)	地表状况（平原）	n_0	n_1	n_2
$Q_h \geqslant 21000$	农村或城市远郊区	1.427	1/3	2/3
	城区及近郊区	1.303	1/3	2/3
$2100 \leqslant Q_h < 21000$ 且 $\Delta T \geqslant 35\mathrm{K}$	农村或城市远郊区	0.332	3/5	2/3
	城区及近郊区	0.292	3/5	2/5

表 6-3　各种稳定度条件下的风廓线幂指数值 m

大气稳定度等级	A	B	C	D	E 和 F
城市	0.10	0.15	0.20	0.25	0.30
乡村	0.07	0.07	0.10	0.15	0.25

当 1700kJ/s<Q_h<2100kJ/s 时，烟气抬升高度按式（6-20）计算：

$$\Delta H = \Delta H_1 + (\Delta H_2 - \Delta H_1) \times \frac{Q_h - 1700}{400} \tag{6-20}$$

式中，ΔH：烟羽抬升高度，m；ΔH_1：2×（1.5V_s×D+0.01Q_h）/V_a-0.048×（Q_h -1700）/V_a，m；V_s：排气筒出口处烟气排出速度，m/s；D：排气筒出口直径，m；Q_h：热释放率，kJ/s；V_a：烟囱出口处环境平均风速，m/s，以排气筒所在市（县）邻近气象台（站）最近 5 年平均风速，按幂指数关系换算到烟囱出口高度的平均风速；ΔH_2：按式（6-15）所计算的抬升高度。

当 Q_h<1700kJ/s 或 ΔT<35K 时，烟气抬升高度按式（6-21）计算：

$$\Delta H = 2 \times (1.5V_s \times D + 0.01Q_h)/V_a \tag{6-21}$$

式中，ΔH：烟羽抬升高度，m；V_s：排气筒出口处烟气排出速度，m/s；D：排气筒出口直径，m；Q_h：热释放率，kJ/s；V_a：烟囱出口处环境平均风速，m/s，以排气筒所在市（县）邻近气象台（站）最近 5 年平均风速，按幂指数关系换算到烟囱出口高度的平均风速。

当地面以上 10m 高度处的年平均风速 V_a≤1.5m/s 时，烟气抬升高度按式（6-22）计算：

$$\Delta H = 5.50Q^{1/4}\left(\frac{\mathrm{d}T_a}{\mathrm{d}Z} + 0.0098\right)^{-3/8} \tag{6-22}$$

式中，$\frac{\mathrm{d}T_a}{\mathrm{d}Z}$：排放源高度以上环境温度垂直变化率，K/m，取值不得小于 0.01K/m。

6.2.6　高斯扩散模式的适用范围

高斯扩散模式是建立在正态分布假设基础上的数学模型，因此它的应用是有一定条件的。对于地形平坦的中小尺度区域范围（<20km），在大气稳定度为中性至稳定条件下的低层大气中，风速不是很大并且风向变化小的气象条件下，高斯扩散模式可以获得比较好的模拟分析结果。

在中性及稳定条件下的低层大气中，烟羽中的长时间平均浓度分布符合正态分布规律，这可由统计学原理证明。但在不稳定的大气边界层气流中，特别是估算近距离和中距离的地面浓度时，烟羽是直接被下沉气流携带而碰撞地面，会造成近距离地面的浓度较高。另外，风速过大时，会引起污染物烟羽的下洗现象。风向变化大则会导致污染物烟羽的左右摆动，偏离正态分布。

此外，高斯扩散模式的一个固有缺陷在于，它假设在计算污染物扩散的时间和区域内气象条件始终保持稳定，因此高斯扩散模式无法模拟异味污染在扩散过程中受到气象因素时空变化所造成的影响。

6.3　特殊气象条件下的扩散模式

6.3.1　封闭型扩散模式

6.2 节中介绍的几种扩散模式仅适用于扩散区域内整层大气的稳定度都相同的情况。但实际扩散中常常会遇到一些特殊的气象条件，例如，低层是不稳定大气，在离地面几百米到 1~2km 的高空存在一个明显的逆温层，即通常所说的上部逆温情况。上部逆温的气象条件会使异味污染物在垂直方向上的扩散受到限制，只能在地面和逆温层底之间进行扩散。因此，上部逆温条件下的扩散也称为"封闭型"扩散，上部逆温层的高度称为"混合层高度"（mixing height）[1,3]。

在研究封闭型扩散模式时，需要将逆温层底看作和地面一样起全反射作用的镜面。这样，异味污染物就像是在地面和逆温层底面这两个镜面的全反射作用下进行扩散，可以利用"像源法"分别计算实源和像源对地面浓度的贡献，再求出所有贡献之和。

假设混合层高度为 D，则封闭型扩散模式的污染物浓度计算公式为：

$$C(x,0,0) = \frac{ER}{2\pi \bar{u} \sigma_y \sigma_z} \sum_{-\infty}^{\infty} \exp\left[-\left(\frac{(2nD-H)^2}{2\sigma_z^2} \right) \right] \qquad (6-23)$$

式中，D 为混合层高度，即逆温层底距地面的高度；n 为烟羽在两界面之间的反射次数。

封闭型扩散模式的污染物浓度计算公式在实际应用中还可根据下风向距离（x）的范围进行进一步简化处理。

6.3.2　熏烟型扩散模式

在夜晚发生辐射逆温时，高架连续点源排放的烟流排入稳定的逆温层中，形成平展型扩散。这种烟流在垂直方向扩散慢，在排放源高度上形成一条狭长的高浓度区。日出以后，随着太阳辐射的增加，地面逐渐变暖，辐射逆温从地面开始破坏，逐渐向上发展。当辐射逆温破坏到烟流下边缘稍高一些时，在热力湍流的作用下，烟流中的污染物便会发生强烈的向下混合作用，使地面的污染物浓度增大，这个过程称为熏烟过程或者漫烟过程[1,3]。

　　熏烟过程大多发生在早晨，可一直持续到烟流上边缘以下的逆温层消失为止，持续时间大约为 0.5 ~ 2h，一般冬季较强，夏季较弱。

　　计算熏烟型扩散模式的地面污染物浓度时，可假设烟流原来是排入稳定层结构的大气中，并且当逆温层消失到高度为 h_f 时，在高度 h_f 以下污染物浓度的垂直分布是均匀的。则地面异味污染物浓度可参考封闭型扩散模式进行计算，只是 D 需要换成逆温层消失的高度 h_f，并且散发的异味物质只包括进入混合层的部分，所以地面异味污染物浓度的计算公式为

$$C_f(x,y,0) = \frac{Q\left[\int_{-\infty}^{P} \frac{1}{\sqrt{2\pi}}\exp(-0.5p^2)\,\mathrm{d}P\right]}{\sqrt{2\pi}\,\bar{u}h_f\sigma_{yf}}\exp\left(-\frac{y^2}{2\sigma_{yf}^2}\right) \qquad (6\text{-}24)$$

式中，$P=(h_f-H)/\sigma_z$；h_f：逆温层消失的高度，m；σ_{yf}：熏烟条件下横向扩散参数，m，σ_{yf} 的值可按式（6-25）估算：

$$\sigma_{yf} = \sigma_y + \frac{H}{8} \qquad (6\text{-}25)$$

式中，σ_y：原大气稳定度级别（E 或 F 级）时的横向扩散参数。

　　如果逆温层消失到烟囱的有效高度处，即 $h_f=H$ 时，可以认为烟流的一半向下混合，另一半仍留在上面的稳定大气中。此时地面熏烟污染浓度为

$$C_f(x,y,0) = \frac{Q}{2\sqrt{2\pi}\,\bar{u}H\sigma_{yf}}\exp\left(-\frac{y^2}{2\sigma_{yf}^2}\right) \qquad (6\text{-}26)$$

地面轴线浓度为

$$C_f(x,0,0) = \frac{Q}{2\sqrt{2\pi}\,\bar{u}H\sigma_{yf}} \qquad (6\text{-}27)$$

　　当逆温消失到烟流的上边缘高度时，即 $h_f=H+2\sigma_z$ 时，可以认为烟流全部向下混合，使地面熏烟浓度达到极大值：

$$C_{f,\max}(x,y,0) = \frac{Q}{\sqrt{2\pi}\,\bar{u}h_f\sigma_{yf}}\exp\left(-\frac{y^2}{2\sigma_{yf}^2}\right) \qquad (6\text{-}28)$$

此时的地面轴线浓度为

$$C_{f,\max}(x,0,0) = \frac{Q}{2\sqrt{2\pi}\,\bar{u}h_f\sigma_{yf}} \qquad (6\text{-}29)$$

　　当逆温消失到 $H+2\sigma_z$ 以上时，烟流全部处于不稳定大气中，熏烟过程已不复存在。

6.4　面源污染物扩散模式

　　前面介绍的几种扩散模式针对的散发源类型主要是点源，例如工厂的烟囱和

排气筒。除此之外，垃圾填埋场、污水处理厂、畜牧养殖场、施肥农田等也是常见的异味污染散发源，这些异味污染源具有较大的散发面积，排放高度不高，有些甚至是贴近地面，可以作为面源处理。下面介绍几种常用的面源污染物扩散模式。

6.4.1　简化为点源模式

该模式是通过一定的假设，将面源简化为位于上风向的一个造成等效污染的虚拟点源[1]。假设：

①面源污染物的排放量集中在该面源的形心；

②面源形心的上风向距离 x_0 处有一虚拟点源，该虚拟点源在面源中心线处产生的烟流宽度等于面源的宽度 W，如图 6-4 所示；

③面源在下风向造成的污染物浓度与该虚拟点源在下风向同样位置造成的污染物浓度相当。

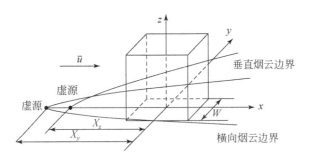

图 6-4　面源简化为虚拟点源示意图

这样，相当于在点源扩散模式的公式中增加了初始扩散参数 σ_{y0} 和 σ_{z0}。简化为点源的面源扩散模式造成的地面异味污染物浓度可用下式计算：

$$C(x,y,0)=\frac{Q}{\pi\bar{u}(\sigma_y+\sigma_{y0})+(\sigma_z+\sigma_{z0})}\exp\left\{-\frac{1}{2}\left[\frac{y^2}{(\sigma_y+\sigma_{y0})^2}+\frac{H^2}{(\sigma_z+\sigma_{z0})^2}\right]\right\}$$

(6-30)

σ_{y0}、σ_{z0} 常用以下经验方法确定：

$$\sigma_{y0}=\frac{W}{4.3}$$

(6-31)

$$\sigma_{z0}=\frac{H}{2.15}$$

(6-32)

式中，W：面源单元的宽度，m；H：面源单元的平均高度，m。

若扩散参数按式（6-33）和式（6-34）计算，则虚拟点源至面源中心的距离为：

$$x_{y0} = \left(\frac{\sigma_{y0}}{\gamma_1}\right)^{1/\alpha_1} \tag{6-33}$$

$$x_{z0} = \left(\frac{\sigma_{z0}}{\gamma_2}\right)^{1/\alpha_2} \tag{6-34}$$

在同一计算中，允许 $x_{y0} \neq x_{z0}$。确定了 x_{y0} 和 x_{z0} 后，可用一般的点源公式计算平价点的浓度。这相当于把面源内分散排放的污染物集中到面源中心，再向上风向后退一个距离 x_{y0} 和 x_{z0}，变成在上风向的一个虚拟点源。虚拟点源中的 σ_y 按 $x+x_{y0}$ 确定，σ_z 按 $x+x_{z0}$ 确定。

6.4.2　窄烟流扩散模式

当面源各区域的散发速率变化不大（例如将面源划分为若干个小方格状的面单元后，相邻两个面单元的散发速率变化不超过两倍），并且一个连续面单元虚拟点源所形成的烟流相当窄（即横向扩散微弱）时，可认为下风向某点的污染物浓度主要取决于它所在上风向面单元散发速率的贡献，而上风向两侧的面单元对其贡献微弱。据此可导出点 M 所在面单元和上风向各面单元在该点造成的异味污染物浓度的计算模式——窄烟流模式（图6-5）[1]。

图 6-5　窄烟流模式示意图

进一步研究还表明，M 点所在面单元对该点污染物浓度的贡献比它上风向相邻 5 个面单元贡献的总和还要大，因此 M 点的污染物浓度主要由它所在面单元的源强所决定，于是可以得到简化的窄烟流模式：

$$C = A\frac{Q_0}{\bar{u}} \tag{6-35}$$

若取 $\sigma_z = \gamma_2^{\alpha_2}$ 的形式，则

$$A = \left(\frac{2}{\pi}\right)^{1/2} \times \frac{1}{(1-\alpha_2)} \times \frac{x}{\gamma_2 x^{\alpha_2}} = \frac{0.8}{1-\alpha_2} \times \frac{x}{\sigma_z} \tag{6-36}$$

式中，Q_0：计算点所在面单元的源强，$g/(m^2 \cdot s)$；x：计算点到上风向城市边缘的距离，m。

用简化的窄烟流模式计算时，对每一风速，只需将每一面单元的源强乘以相应的系数 A 就可得出该面单元的浓度。

除了上述介绍的几种点源和面源扩散模式外，还有线源扩散等模式。线源扩散等模式在异味污染扩散模拟中并不常见，本书将不着重介绍，相关内容可以参考大气扩散相关的参考书。

6.5　异味污染扩散模型

随着异味污染传输扩散评价技术需求的发展，基于异味污染扩散模式和计算机软件技术建立的污染扩散数值模型相继被开发出来，并搭配计算机软件系统，实现对异味污染以及其他类型大气污染扩散模拟的快速估算和预测，包括高斯扩散模型、拉格朗日轨迹模型、欧拉网络模型等。下面将介绍几种常用于异味污染扩散评价的数值模型。

6.5.1　AERMOD 模型

AERMOD 模型是一种基于高斯扩散模式建立的稳态烟羽扩散模型，在 20 世纪 90 年代由美国气象学会和美国环保局联合开发建立[9]。

AERMOD 模型包含地形预处理器 AERMAP、气象预处理器 AERMET 和扩散处理器 AERMOD 三个模块，用于对异味污染物以及大气污染物的扩散模式、浓度分布以及持续时间等进行估算和预测。

AERMOD 模型是我国《环境影响评价技术导则 大气环境（HJ 2.2—2018）》中推荐使用的模型之一，适用于连续的点源、面源、线源或体源的污染物扩散模拟，一般适用于小于 50km 扩散范围的污染物浓度模拟，并在模型中考虑了污染物的干湿沉降因素和建筑物下洗现象的影响。AERMOD 模型适用于多种复杂排放情况的污染物扩散模拟，例如乡村环境与城市环境、平坦地形与复杂地形、地面源与高架源等。

6.5.2　ADMS 模型

ADMS 模型是一种基于高斯扩散模式建立的稳态烟羽模型，由英国剑桥环境研究公司开发。ADMS 模型包含气象预处理模块、干湿和重力沉降以及化学反应模块、内嵌式烟羽抬升模块等，并考虑了建筑物周围烟羽下洗现象的影响和复杂地形对烟羽扩散的影响[3]。

ADMS 模型是我国《环境影响评价技术导则 大气环境（HJ 2.2—2018）》中推荐使用的模型之一，适用于连续的或间断的点源、面源、线源、体源及网格源的污染物扩散模拟，一般适用于小于 50km 扩散范围的污染物浓度模拟。

6.5.3　CALPUFF 模型

CALPUFF 模型是美国西格玛公司开发的一种基于拉格朗日烟团扩散模式的非稳态扩散模型。CALPUFF 模型的主要组成单元包括预处理模块、气象数据处理模块、预测模块和后处理工具模块等。CALPUFF 模型可模拟三维流场随时间和空间发生变化时污染物在大气环境中的输送、转化和清除过程[3]。

CALPUFF 模型是我国《环境影响评价技术导则 大气环境（HJ 2.2—2018）》中推荐的模型之一，适用于连续的或间断的点源、面源、线源和体源的污染物扩散模拟，可以用于特殊风场，包括长期静风、小风以及岸边熏烟等特殊气象条件下的污染物扩散模拟。但是，CALPUFF 模型适用的扩散模拟范围一般在 50km 到几百 km，而异味污染一般发生在污染源周边的局域区域，范围一般小于 10km，多数为 0.1~5km。因此 CALPUFF 模型的适用范围远超一般异味污染的扩散影响范围。

6.5.4　AUSTAL 模型

AUSTAL 模型是基于德国环保署官方空气质量控制标准和拉格朗日粒子扩散模式建立的大气扩散模型。AUSTAL 模型可以模拟的污染源类型包括点源、面源、线源、体源等，模型中包含自身的诊断风场模式，并可以考虑地形对风场和污染物扩散的影响。AUSTAL 模型在德国被较多地应用于异味污染影响范围的评估。

在我国，AUSTAL 是《环境影响评价技术导则 大气环境（HJ 2.2—2018）》中推荐的中小尺度空气质量模型之一，但目前主要是应用于冷却塔排烟的大气扩散模拟领域，在异味污染扩散模拟领域应用较少。

6.5.5　ModOdor 模型

前述几种扩散模型都是由美国、英国、德国等开发。近年来，我国科研工作者在开发异味污染扩散模型领域也取得了较大进展。清华大学王洪涛教授团队开发了一种三维非稳态大气扩散数值模型（modeling of odor gas air dispersion software，ModOdor），克服了传统高斯模型和拉格朗日模型应用于模拟异味污染物在非稳态、中小尺度局域扩散时的局限性。

ModOdor 模型针对垃圾填埋场等典型污染源散发的复杂异味污染物的传输扩散问题，以对流-扩散方程为基础，建立污染物三维大气扩散的有限差分数值模拟方法，用于填埋场等典型污染源散发异味污染物的扩散模拟和浓度预报。ModOdor 模型针对复杂异味污染物的扩散分析需求，可同时开展最多 60 种组分的扩散模拟，并且能够同时进行最多 3000 种风速场情景的模拟。

6.6　峰均值因子与 AODM 模型

6.6.1　峰均值因子

通常情况下，AERMOD 等扩散模型都是基于逐时气象数据模拟输出大于或等于 1h 平均时间的污染物均值浓度（例如 1h 均值、3h 均值、8h 均值、日均值或年均值）。但是，异味污染物在扩散过程中由于受到大气湍流等因素的影响，浓度波动十分明显，瞬时的峰值浓度有时可以达到长时段均值浓度的几倍甚至十几倍，因此扩散模型输出的均值浓度可能会掩盖均值时间区段内的污染物峰值浓度[6,7]。

从异味污染的暴露途径和作用方式来考虑，人在每次呼吸过程中都会产生一次对周围空气异味污染程度的感知和评价。人一次呼吸的持续时间大约是 5s，如果异味污染物在 5s 内的峰值浓度超过可接受的程度即对人造成了异味污染。图 6-6 反映了采用不同的均值时间区段对异味浓度评价结果的影响，在 1h（3600s）的时间区段内，如果以 1h 为时间间隔计算均值，异味浓度值显示在 1ou/m³ 以下，即没有超过嗅觉阈值；如果以 12min 为时间间隔计算均值，在第一个时段内异味浓度均值超过 1ou/m³，其他时段的均值仍然小于 1ou/m³；如果以 12s 为时间间隔计算均值，则在某些时段内的异味浓度值甚至达到 5~6ou/m³，

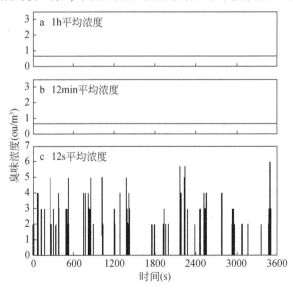

图 6-6　采用不同的均值时间区段时的异味浓度随时间变化历程

意味着在这 1h 内有多次呼吸过程会明显感受到异味污染。如果继续缩小时间区段，则异味浓度超过 1ou/m³ 的时段数量也会更多，而且异味污染的峰值也会更高。因此，需要进一步研究异味污染扩散模拟过程中的均值浓度与峰值浓度的关系，才能实现对异味污染的高分辨准确评价。

峰均值因子（peak-to-mean factor）是目前描述异味污染物长时段均值浓度与瞬时峰值浓度应用最广泛的方法之一[8,9]。Smith 总结了长时段均值浓度与瞬时峰值浓度的关系［式（6-37）］并由 Hinds 进行了实验验证：

$$\frac{C_{\mathrm{p}}}{C_{\mathrm{m}}} = \left(\frac{t_{\mathrm{m}}}{t_{\mathrm{p}}}\right)^{n} \tag{6-37}$$

式中，C_{p}：峰值浓度；C_{m}：均值浓度；t_{m}：均值浓度的累积时间；t_{p}：峰值浓度的累积时间；n：受大气稳定度影响的经验参数，取值范围一般为 0.1 ~ 0.7。

在式（6-37）的基础上，将峰均值因子定义为

$$F = \frac{C_{\mathrm{p}}}{C_{\mathrm{m}}} \tag{6-38}$$

式中，C_{p}：峰值浓度；C_{m}：均值浓度。

峰均值因子可以根据式（6-38）计算。从式（6-37）和式（6-38）可以看出，在均值浓度不变的情况下，计算峰值时选取的累积时间越短，得到的峰值浓度越大。

在实际异味污染扩散过程中，峰均值因子的取值主要受大气稳定度、风的间歇性、异味污染物的扩散距离以及排放源的几何构型影响。大气稳定度影响异味污染物扩散过程中的湍流混合效应，进而影响式（6-37）中的经验参数 n。风的间歇性会造成相邻时间段内异味浓度的波动，影响峰均值因子。

扩散距离对峰均值因子影响明显。峰均值因子随扩散距离的增加而逐渐减小，当异味污染的评价位置无限趋近于污染源时，峰均值因子具有最大值。Mylen 等基于峰均值因子与扩散距离的关系研究，进一步发展了峰均值因子的简化计算方法：

$$F = 1 + (F_0 - 1)^{-0.7317\frac{T}{t_{\mathrm{L}}}} \tag{6-39}$$

式中，F_0：某一大气稳定度等级时的最大的峰均值因子；T：扩散距离与平均风速的比值；t_{L}：拉格朗日时间尺度。

排放源的几何构型也是峰均值因子的影响因子之一。研究表明，面源异味污染扩散过程中的浓度波动更小，在其他条件相同时，其峰均值因子小于高架点源异味污染扩散时的峰均值因子。

6.6.2　AODM 模型

AODM 模型，即奥地利气味扩散模型（Austrian odour dispersion model），是

一种基于高斯扩散模式改进建立的异味扩散模型[5,6]。

AODM 模型与前面介绍的 AERMOD 等模型的一个显著区别在于，AERMOD 等模型一般是基于逐时气象数据模拟和输出大于或等于 1h 平均时间的均值浓度（例如 1h 均值、3h 均值、8h 均值、日均值或年均值），而 AODM 模型不仅模拟输出均值浓度，还采用峰均值因子将均值浓度进一步转化为呼吸间隔时间内的瞬时峰值浓度，适用于对异味污染感官影响程度的高分辨准确评价。

AODM 模型包括散发模块（emission module）、扩散模块（dispersion module）和瞬时浓度模块（module to calculate instantaneous odor concentrations）三个基本模块。散发模块的功能是计算污染源的散发速率（异味散发速率 OER 或者异味物质的散发速率 ER），扩散模块的功能是计算异味污染扩散到周围区域的均值浓度（例如，1h 均值、3h 均值、8h 均值、日均值、年均值等），瞬时浓度模块的功能是利用峰均值因子将异味污染的均值浓度转化为瞬时的峰值浓度（例如，一个呼吸间隔内的峰值浓度）。

由于异味污染具有化学污染与感官污染双重属性，人们在每一次呼吸过程中都会产生一次对周围空气异味污染程度的评价。基于这种考虑，AODM 模型不仅计算了异味污染的均值浓度，还利用峰均值因子将其转化为呼吸间隔时间内的峰值浓度，更适用于对异味污染感官影响程度的有效评价。

参 考 文 献

[1] 郝吉明，马大广，王书肖. 大气污染控制工程. 北京：高等教育出版社，2010.

[2] 刘彦君. 生活垃圾填埋场非甲烷有机物释放与大气扩散模拟研究. 北京：清华大学博士学位论文，2017.

[3] 沈培明，陈正夫，张东平. 恶臭的评价与分析. 北京：化学工业出版社，2005.

[4] 宣捷，康凌. 大气扩散的物理模拟. 北京：气象出版社，2020.

[5] Chuandong Wu, Marlon Brancher, Fan Yang, et al. A comparative analysis of methods for determining odour-related separation distances around a dairy farm in Beijing, China. Atmosphere, 2019, 10：337-347.

[6] Günther Schauberger, Martin Piringer, Chuandong Wu, et al. Environmental odour. Switzerland：MDPI, 2021.

[7] Günther Schauberger, Martin Piringer, Rainer Schmitzer, et al. Concept to assess the human perception of odour by estimating short-time peak concentrations from one-hour mean values. reply to a comment by Janicke et al. Atmospheric Environment, 2012, 54：624-628.

[8] Leonardo Hoinaski, Davide Franco, Henrique de Melo Lisboa. Comparison of plume lateral dispersion coefficients schemes：effect of averaging time. Atmospheric Pollution Research, 2016, 7：134-141.

[9] Marlon Brancher, K David Griffiths, Davide Franco, et al. A review of odour impact criteria in

selected countries around the world. Chemosphere, 2017, 168: 1531-1570.

[10] Martin Piringer, Werner Knauder, Erwin Petz, et al. Factors influencing separation distances against odour annoyance calculated by Gaussian and Lagrangian dispersion models. Atmospheric Environment, 2017, 140: 69-83.

[11] Vincenzo Belgiorno, Vincenzo Naddeo, Tiziano Zarra. Odour Impact Assessment Handbook. United Kingdom: WILEY, 2012.

第 7 章　异味污染管理控制政策与标准

制定管理控制政策和标准，是实现异味污染控制的重要方法之一。从 19 世纪时期英国出现污水排放导致的河流水体异味污染以来，异味污染问题在世界范围内迅速发展，异味污染源的类型和污染影响范围也快速增加。因此，针对异味污染的管理和控制，日本、荷兰、美国、中国等国家相继制定出台了政策标准，对污染排放速率、防护距离、区域空气质量等内容进行了规定。本章将介绍异味污染管理控制政策标准的制定方法和国内外异味污染管理控制的政策与标准。

7.1　异味污染管理控制政策标准制定方法

当前国内外常用的异味污染管理控制政策标准的制定方法主要分为两类。

（1）基于空气质量标准和限值的政策与标准

空气质量标准和限值是环境空气污染管理控制的核心，可以分为不同的等级。

第一级是基于总体空气质量的管理控制政策与标准。这类标准设定了总体空气质量的限值，但并没有对异味污染源的排放限值设定明确的条款。在这种情况下，可以将异味污染视为对总体空气质量的改变。因此，这类标准仍然可以赋予管理部门关停异味污染排放设施的权力[4]。

第二级是基于设定最小防护距离（minimum distance standards，MDS）的管理控制政策与标准。最小防护距离是指异味污染源与最近的居民区之间的最小距离。这类政策标准在许多国家广泛应用。例如，20 世纪 80 ~ 90 年代比利时、德国、荷兰、瑞士等许多欧洲国家出台了设定最小防护距离的法规和标准，以减少畜禽养殖场等异味污染源造成的异味污染。最小防护距离一般可以根据环境空气质量功能区（例如自然保护区、居住区、商业交通居民混合区、工业区和农村地区等）或人口密度设定。某些情况下，最小防护距离并不是固定值而是由特定的数学公式进行计算。例如，采用幂函数计算畜禽养殖场的最小防护距离时，幂函数的指数和系数是根据养殖场中动物的数量、养殖场的通风方式、所在区域的气象参数等进行计算。总体上，最小防护距离一般是基于对各类异味污染源的污染影响范围的经验值设立，所以只能用于确保异味污染源（异味排放设施）在设计层面不会对周围居民造成异味污染烦恼[4]。

第三级是基于设定最大排放标准（maximum emission standards，MES）的管理控制政策与标准。这类政策或标准对异味污染源排放气体的异味浓度或异味散发速率设定了具体的限值，并且要求异味排放设施在设计和运营阶段都要采用规定的方法对排放气体的异味浓度或异味散发速率进行定期检测以核实是否满足排放限值标准[4]。

设定最大排放标准是异味污染管理控制政策标准领域的一个重大飞跃。设定最大排放标准的先决条件是选择或制定合适的感官分析方法标准，例如欧洲标准委员会制定的《EN 13725：2003 空气质量-动态稀释嗅辨仪法测试气味浓度》[5]，美国 ASTM 协会制定的《强制选择上升浓度梯度极限法测定嗅觉和味觉阈值（ASTM E679—04）》[6]，我国生态环境部指定的《空气质量　恶臭的测定　三点比较式臭袋法（GB/T 14675—93）》等。基于最大排放标准制定异味管理控制标准的方法在许多国家得到应用。例如，奥地利颁布的《ONORM S 2205—1》标准中规定了异味污染源的异味浓度和异味散发速率最大排放标准分别为 $300ou/m^3$ 和 $5000ou/s$[7]。意大利伦巴第大区颁布的《DGR Lombardia n. 7/12764》标准规定了异味污染源排放气体的异味浓度限值为 $300ou/m^3$[8]。我国《恶臭污染物排放标准（GB 14554—93）》标准针对不同高度的排气筒制定了详细的异味浓度排放限值和硫化氢、甲硫醇、甲硫醚、二甲二硫醚、二硫化碳、氨、三甲胺、苯乙烯 8 种主要恶臭物质的散发速率排放限值[9]。法国规定了食品饮料行业具有不同高度的排气筒的异味散发速率限值，如表 7-1 所示[4]。

表 7-1　法国食品饮料行业基于异味散发速率设定的最大排放标准

排气筒高度（m）	异味散发速率限值（ou/h）
0	$1000×10^3$
5	$3600×10^3$
10	$21000×10^3$
20	$180000×10^3$
30	$720000×10^3$
50	$3600×10^6$
80	$18000×10^6$
100	$36000×10^6$

（2）基于直接暴露评价的政策与标准

基于直接暴露评价的管理控制政策标准，一般是规定异味污染的最大影响标准（maximum impact standards, MIS），通过受影响区域的异味污染程度与最大影响标准的对比来判定异味污染是否超标。对于不同类型的区域往往会设置不同的最大影响标准，例如在城市与乡村、人口密集地区与人口稀疏地区等。对于空气质量需要特别保障的场所，例如车厢、商场等人口稠密场所，可以设定更严格的最大影响标准[4]。

受影响区域的异味污染程度有两种方法进行评价。一种是扩散模型法，即采用异味污染扩散模型计算受影响区域的地面异味浓度，目前大多数扩散模型计算的异味浓度是某段时间内的均值浓度，例如小时均值。扩散模型法需要可靠的异味污染扩散模型和相应的气象资料数据。另一种是现场测试法，即采用感官分析方法（嗅觉分析方法）直接测试受影响区域的异味污染程度，这种方法需要可靠的嗅觉分析人员和仪器，当嗅觉分析是在现场采样后带回实验室进行时，还需要相应的采样技术和设备。

当采用扩散模型法评价受影响区域的异味污染程度时，通常以超过某特定异味浓度的频率的形式设定最大影响标准。例如，英国异味污染管理控制标准中对扩散模型计算的地面异味浓度小时均值的第 98 百分位数设定限值，即一年 8760 个小时中只有 2% 的异味浓度小时均值可以超过设定的限值，然后通过设定不同的限值来区分异味污染的程度，异味污染程度的高、中、低分别以异味浓度小时均值第 98 百分位数限值为 1.5ou/m³、3.0ou/m³ 和 6.0ou/m³ 进行区分。类似的方法在许多国家和地区得到应用。例如，澳大利亚新南威尔士州《Technical Framework-Assessment and Management of Odour from Stationary Sources in NSW, Sydney（2006）》标准规定，对于具有不同的人口密度的地区，地面异味浓度小时均值第 99 百分位数不得超过 2~7ou/m³[10]。新西兰异味污染管理控制标准的设定方法与澳大利亚新南威尔士州相似，规定地面异味浓度小时均值第 99.5 百分位数不得超过 5ou/m³。比利时规定异味污染源周围区域的地面异味浓度小时均值第 98 百分位数不得超过 1ou/m³。法国对堆肥场和养殖副产品加工厂周围 3000m 范围内的呼吸高度区域异味浓度小时均值第 98 百分位数设定的限值是 5ou/m³。荷兰对于不同类型区域规定的地面异味浓度小时均值第 98 百分位数限值是 2~14ou/m³。

最大影响标准（MIS）还可以通过最大异味浓度的形式设定。例如，美国马萨诸塞州规定异味污染排放设施厂界外的最大异味浓度不得超过 5ou/m³。

当采用现场测试法评价受影响区域的异味污染程度时，可以通过规定"异味小时（odourhour）"最大数量的形式设定最大影响标准。例如，德国《BImSchG-5/90》标准规定，工业区的"异味小时"数量每年不得超过 15%，工业与居民混合区的"异味小时"数量每年不得超过 10%[11]。这种方法需要由一组气味评价员在异味污染影响区域开展测试间隔为 10s/次、测试持续时间为 10min 以上的现场嗅觉测试。如果在某 1h 的时间段内，气味评价员通过呼吸进行现场嗅觉测试检测到异味的持续时间超过 10%（呼吸时感受到异味的次数超过总呼吸次数的 10%），那么该小时时段记录为一个"异味小时"。

7.2　欧洲异味污染管理控制政策与标准

7.2.1　英国

英国异味污染管理控制政策主要包括：
①环境保护法案（EPA）；
②城镇与乡村规划法案（TCPA）；
③环境许可条例（EP，英格兰和威尔士地区）；
④污染防治条例和废物管理许可证条例（PPC 和 WML，苏格兰和北爱尔兰地区）。

环境保护法案（EPA）适用的异味污染源包括所有类型的商业及贸易设施，例如工业、农业、废物管理以及污水处理设施等。但如果某异味污染源设施既受 EPA 管理也受 EP 或 PPC、WML 管理的话，则可能会产生适用政策的辩论。

英国异味污染管理控制标准常用的方法是设定异味污染的最大影响标准（MIS）。例如，《异味管理 H4》[12] 和《综合污染预防和控制指令 IPPC》[13] 标准中将异味浓度小时均值第 98 百分位数的限值分别设定为 1.5ou/m³、3.0ou/m³ 和 6.0ou/m³ 表示异味污染程度的高、中、低（表 7-2）。如果受异味污染影响区域的人口属于敏感人群，则也可以将限值降低至 0.5ou/m³。

表 7-2　英国以异味浓度小时均值第 98 百分位数设定异味污染最大影响标准

异味污染程度	异味污染影响标准 （ou/m³）	气味来源举例
高	1.5	腐烂的动物或鱼类，化粪池污水或污泥，生物垃圾填埋场气味
中	3.0	集约化畜禽饲养场，炼油（食品加工），甜菜加工，曝气充分的绿色垃圾堆肥
低	6.0	酿酒厂、糖果、咖啡烘焙、面包店

在英国，异味污染源扩散至周围区域地面高度环境空气的异味浓度小时均值是通过扩散模型计算。一般可以采用 AERMOD、ADMS 等稳态高斯模型和 CALPUFF、AUSTAL2000 等非稳态拉格朗日模型[3]。

7.2.2　德国

德国《空气质量控制指导手册 TA-Luft》和《环境空气异味指导 GOAA》中包含了对异味污染的防范要求，GOAA 主要针对工业设施和畜禽养殖场散发的异味污染。具体的方法是，通过"现场测试法"或"扩散模型法"评价受影响区域的异味污染程度，然后与设定的异味污染最大影响标准进行对比。

当采用"现场测试法"评价受影响区域的异味污染程度时，需要借助"异味小时"的概念，参见 7.1 节中的相关内容。当采用"扩散模型法"时，德国《VDI 3945 第三部分 环境气象学 - 大气扩散模型 - 粒子模型（Environmental meteorology- Atmospheric dispersion models- Particle model）》标准中规定采用 AUSTAL 2000 模型，如果采用其他扩散模型，则需要首先征求当局意见。

异味污染最大影响标准的设定方法如表 7-3 所示。当某一区域的异味污染程度超过表 7-3 中的限值时，则记录为"严重异味污染"[4]。

表 7-3　德国异味污染的最大影响标准

环境空气质量功能区	百分位数	异味浓度小时均值限值（ou/m^3）
居住区、混合区	90	0.25
商业区、工业区、农业区	85	0.25

表 7-3 中，不同环境空气质量功能区的最大影响标准的区别主要体现在百分位数的大小，即超过异味浓度小时均值限值（$0.25ou/m^3$）的频率差异。异味浓度小时均值限值设定为 $0.25ou/m^3$ 的原因在于，德国在异味扩散模型 AUSTAL 2000 中采用了一种类似于峰均值因子的概念，并将其固定设置为 4，因此原本 $1ou/m^3$ 的异味污染嗅觉阈值变为 $0.25ou/m^3$。

7.2.3　奥地利

在异味污染最大排放标准（MES）方面，奥地利《ONORM S 2205—1》标准中规定了异味污染源的异味浓度和异味散发速率分别为 $300ou/m^3$ 和 $5000ou/s$[7]。

在异味污染最大影响标准（MIS）方面，奥地利仅针对温泉地区设定了异味浓度小时均值第 97 百分位数不超过 $1ou/m^3$ 的标准。此外，奥地利科学院在 1994 年提出了两条异味污染的最大影响标准，如表 7-4 所示，但仅作为建议性限值，不具备法律效力。

表 7-4　奥地利科学院提出的建议性异味污染最大影响标准

异味浓度小时均值限值（ou/m³）	百分位数	适用的异味污染环境
1	92	弱
5~8	97	强

在采用"扩散模型法"计算受影响区域的异味浓度小时均值时，奥地利的 AODM 模型考虑了峰均值因子的影响，并且基于峰均值因子随污染物扩散距离变化的规律而采用了动态的峰均值因子。

7.2.4　意大利

意大利在国家层面没有设立统一的异味污染管理控制政策标准，而是由各地区独立设立。各地区设定的政策标准主要分为 3 种。

第 1 种是基于异味散发速率最大排放标准（MES）设定的异味污染管理控制法规。例如，巴西利卡塔大区的第 709 号法令（2002 年 4 月 22 日设立）、阿布鲁佐大区的第 400 号法令（2004 年 5 月 26 日设立）、艾米利亚–罗马涅大区的第 1495 号法令（2011 年 10 月 24 日设立）、西西里大区的第 27 号法令第 1 部分（2002 年 6 月 14 日设立）和威尼托大区的第 568 号法令（2005 年 2 月 25 日设立）中均提出了异味污染管理控制的相关条例，一般是针对堆肥和沼气池等设施设立异味散发速率的最大排放标准。

第 2 种是基于异味污染最大影响标准（MIS）设定的异味污染管理控制法规。例如，伦巴第大区出台的异味污染管理控制条例（Deliberazione Giunta Regionale 15 febbraio 2012-n. IX/3018）规定异味浓度小时均值第 98 百分位数不超过 1ou/m³、3ou/m³ 或 5ou/m³ 的限值。将限值设定为 1ou/m³、3ou/m³ 或 5ou/m³ 的原因是当局认为 50% 的人能在 1ou/m³ 的浓度时感知到异味，85% 的人在 3ou/m³ 的浓度时可以感知到异味，而 90%~95% 的人在 5ou/m³ 的浓度时才能感知到异味。同时，该条例规定在采用异味扩散模型计算受影响区域异味浓度小时均值时采用峰均值因子概念，并将峰均值因子设定为 2.3。在适用性方面，该法规适用于伦巴第大区所有类型的异味散发设施。对于新建的异味散发设施，该法规的作用主要是在规划阶段模拟预测设施建成后对周围居民区产生的异味污染影响。对于现存的异味散发设施，当其对周围居民产生异味污染影响时，当局将依照该法规对其异味影响进行评估。特兰托大区采取了相似的最大影响标准方法设定异味污染管理控制标准，对异味污染设施周边不同距离地区的最大影响标准规定如表 7-5 所示[4]。

表 7-5 意大利特兰托大区异味污染最大影响标准

异味污染影响标准（第 98 百分位数）（ou/m³）	与异味污染源的距离
1	>500m
2	200～500m
3	<200m
2	>500m
3	200～500m
4	<200m

第 3 种是基于异味污染最大影响标准绘制异味扩散范围等值线图。例如，普利亚大区对异味污染源周围区域的异味浓度小时均值第 98 百分位设定了一系列不同的限制，例如 1ou/m³、2ou/m³、3ou/m³、…，然后利用这些限值对应的扩散距离绘制等值线图。在采用异味扩散模型计算异味污染源周围区域的异味浓度小时均值时，同样采用了固定的峰均值因子（2.3）。

7.2.5 法国

法国 1976 年出台了第 76—663 号法案对环境污染设施进行了分类，这项法案是法国《环境法典》的一部分，也是 1998 年制定的法国《部长法令》中关于异味污染管理控制政策的基础。在这些法令的框架下，法国政府制定了堆肥、动物加工等行业的异味污染最大影响标准（MIS）。例如，对于新建和现有的堆肥厂，利用异味扩散模型计算的厂界外围 3km 处的异味浓度小时均值第 98 百分位数不得超过 5ou/m³。对于现有的动物副产品加工厂，厂界外围 3km 处的异味浓度小时均值第 98 百分位数不得超过 5ou/m³；对于新建的动物副产品加工厂，厂界外围 3km 处的异味浓度小时均值第 99.5 百分位数不得超过 5ou/m³。

此外，法国还设定了异味污染设施的最大排放标准（MES）。例如，对于餐饮业，不同高度的排气筒对应的异味排放限值如表 7-6 所示[2]。

表 7-6 法国异味污染设施的异味污染最大排放标准

排气筒高度（m）	异味排放限值（ou/h）
0	1.0×10^6
5	3.6×10^6
10	2.1×10^7
20	1.8×10^8
30	7.2×10^8

续表

排气筒高度（m）	异味排放限值（ou/h）
50	3.6×10^9
80	1.8×10^{10}
100	3.6×10^{10}

7.2.6　荷兰

荷兰 1995 年出台了一项全国性的污染排放指南（Nederlandse Emissie Richtlijn，NeR），设定了不同行业异味污染排放的管理控制标准。表 7-7 列举了荷兰 NeR 指南中设定的不同类型的异味污染行业或设施的异味污染最大影响标准（MIS）。例如，新建的畜禽养殖场对周边区域（居民区或异味敏感区域）造成的异味浓度小时均值第 98 百分位数不得超过 $0.7ou/m^3$。但是，NeR 的性质是一项指南，不具有法律效力[4]。

表 7-7　荷兰异味污染最大影响标准指南

行业/设施类型	异味排放标准	
	异味浓度限值（ou/m³）	百分位数（%）
新建畜禽养殖场	0.7	98
现有畜禽养殖场	1.4	98
饲料干燥业	2.5	98
屠宰场	1.5	98
肉类加工厂	2.5	98
面包店	5	98
可可豆加工业	2.5~5	98
咖啡烘培	3.5	98
啤酒厂	1.5	98
新建沥青厂	1	98
	5	99.99
现有沥青厂	2	98
	10	99.99
新建有机垃圾堆肥场	1.5	98
现有有机垃圾堆肥场	3	98

7.3 美洲异味污染管理控制政策与标准

7.3.1 美国

美国没有设定全国统一的异味污染管理控制政策标准,而是由各州单独确定。例如,科罗拉多州空气质量管理委员会制定了《异味散发,5CCR 1001—4》[14]条例,规定居民区和商业区空气的异味浓度最大允许值是 $7ou/m^3$;工业区空气的异味浓度最大允许值是 $15ou/m^3$;养猪场附近区域空气的异味浓度最大允许值是 $2ou/m^3$。旧金山地区"湾区空气质量管理区(BAAQMD)"的第 7—302号条例限定了异味排放设施厂界异味浓度的限值是 $5ou/m^3$,并且是通过实际测试空气样品的异味浓度值的方法检查其是否超过限值标准。

此外,伊利诺伊州、艾奥瓦州、堪萨斯州等州基于设定最小防护距离的方法制定了畜禽养殖场异味污染的管理控制标准。加利福尼亚州、康涅狄格州、爱达荷州等州对空气中异味污染物的化学浓度设定了允许限值。

7.3.2 加拿大

加拿大的异味污染管理控制政策标准是由各省单独制定。例如,魁北克省的《清洁空气条例》对环境空气中硫化氢等异味污染物的浓度,以及工业设施的最大排放标准进行了规定。对于堆肥场、沼气池等设施,异味污染最大影响标准的规定是,扩散模型计算得到的异味浓度均值第 98 百分位数不得超过 $1ou/m^3$,并且异味浓度均值第 99.5 百分位数不得超过 $5ou/m^3$。异味浓度均值一般由 AERMOD 模型计算,首先通过 AERMOD 模型输出异味浓度小时均值,然后使用固定的峰均值因子 1.9 将其转化为以 4min 为时间间隔的短时均值。

此外,对于新建的处理能力在 $7500m^3$ 以下的堆肥场,与周围任一居民区、商业区或公共设施的最小防护距离是 500m。新建的处理能力在 $7500m^3$ 以上的堆肥场,与周围任一居民区、商业区或公共设施的最小防护距离是 1000m。沼气池设施与周围任一居民区、商业区或公共设施的最小防护距离是 1000m。

蒙特利尔市 1986 年制定的第 90 号条例规定异味排放设施的厂界异味浓度不得超过 $1ou/m^3$。布谢维尔市也出台了针对当地异味排放设施的法律条款(2008—109 条例),规定厂界处的异味浓度在任何时候(即第 100 百分位数)不得超过 $10ou/m^3$,并且异味浓度的第 98 百分位数不得超过 $5ou/m^3$[4]。

7.4　亚洲异味污染管理控制政策与标准

7.4.1　中国

我国异味污染管理控制的标准主要是《（GB 14554—93）恶臭污染物排放标准》。《（GB 14554—93）恶臭污染物排放标准》中设定了异味浓度和8种主要恶臭异味物质化学浓度的厂界浓度限值（表7-8）以及最大排放标准（表7-9）[9]。

表7-8　中国异味污染厂界浓度限值

序号	控制项目	单位	一级	二级		三级	
				新扩改建	现有	新扩改建	现有
1	氨	mg/m³	1.0	1.5	2.0	4.0	5.0
2	三甲胺	mg/m³	0.05	0.08	0.15	0.45	0.80
3	硫化氢	mg/m³	0.03	0.06	0.10	0.32	0.60
4	甲硫醇	mg/m³	0.004	0.007	0.010	0.020	0.035
5	甲硫醚	mg/m³	0.03	0.07	0.15	0.55	1.10
6	二甲二硫	mg/m³	0.03	0.06	0.13	0.42	0.71
7	二硫化碳	mg/m³	2.0	3.0	5.0	8.0	10
8	苯乙烯	mg/m³	3.0	5.0	7.0	14	19
9	异味浓度	无量纲	10	20	30	60	70

表7-9　中国异味污染最大排放标准

序号	控制项目	排气筒高度（m）	排放量（kg/h）
1	硫化氢	15	0.33
		20	0.58
		25	0.90
		30	1.3
		35	1.8
		40	2.3
		60	5.2
		80	9.3
		100	14
		120	21

续表

序号	控制项目	排气筒高度（m）	排放量（kg/h）
2	甲硫醇	15	0.04
		20	0.08
		25	0.12
		30	0.17
		35	0.24
		40	0.31
		60	0.69
3	甲硫醚	15	0.33
		20	0.58
		25	0.90
		30	1.3
		35	1.8
		40	2.3
		60	5.2
4	二甲二硫醚	15	0.43
		20	0.77
		25	1.2
		30	1.7
		35	2.4
		40	3.1
		60	7.0
5	二硫化碳	15	1.5
		20	2.7
		25	4.2
		30	6.1
		35	8.3
		40	11
		60	24
		80	43
		100	68
		120	97

序号	控制项目	排气筒高度（m）	排放量（kg/h）
6	氨	15	4.9
		20	8.7
		25	14
		30	20
		35	27
		40	35
		60	75
7	三甲胺	15	0.54
		20	0.97
		25	1.5
		30	2.2
		35	3.0
		40	3.9
		60	8.7
		80	15
		100	24
		120	35
8	苯乙烯	15	6.5
		20	12
		25	18
		30	26
		35	35
		40	46
		60	104

序号	控制项目	排气筒高度（m）	标准值（无量纲）
9	异味浓度	15	2000
		25	6000
		35	15000
		40	20000
		50	40000
		≥60	60000

《（GB 14554—93）恶臭污染物排放标准》自 1993 年实施以来，为我国恶臭异味污染控制做出了巨大贡献。随着污染形势和防控需求的发展，该标准也在进行修订。2018 年，天津市环境保护科学研究院等单位起草了修订版本，并已公开征求意见。修订版中进一步明确了《（GB 14554—93）恶臭污染物排放标准》与其他的行业排放标准的关系；将《（GB 14554—93）恶臭污染物排放标准》的适用范围从"全国所有向大气排放恶臭气体单位及垃圾堆放场"修改为"生产经营活动中产生恶臭气体的企业事业单位和其他生产经营者"；取消了标准中限值的分级，所有区域执行统一的浓度限值；加严了 8 种恶臭污染物的排放限值和周界浓度限值；不再根据排气筒高度执行不同的异味浓度排放限值，而是执行统一的限值标准；调整了排气筒最高允许排放速率的计算方法，使用内插法计算排气筒最高允许排放速率；完善了污染物排放控制要求和监测要求，强化了恶臭污染物排放单位的主体责任。

不仅如此，近年来我国出台了一系列的政策文件，加大对恶臭异味污染的管理和控制。2021 年印发的《中共中央　国务院关于深入打好污染防治攻坚战的意见》中指出，要"加大餐饮油烟污染、恶臭异味治理力度"。2022 年中共中央办公厅、国务院办公厅印发的《关于推进以县城为重要载体的城镇化建设的意见》中指出："完善垃圾收集处理体系。因地制宜建设生活垃圾分类处理系统，配备满足分类清运需求、密封性好、压缩式的收运车辆，改造垃圾房和转运站，建设与清运量相适应的垃圾焚烧设施，做好全流程恶臭防治""增强污水收集处理能力。完善老城区及城中村等重点区域污水收集管网，更新修复混错接、漏接、老旧破损管网，推进雨污分流改造。开展污水处理差别化精准提标，对现有污水处理厂进行扩容改造及恶臭治理"。

2021 年生态环境部发布了〈关于印发《2018—2020 年全国恶臭/异味污染投诉情况分析》报告的函（大气函〔2021〕17 号）〉，对公众大气污染投诉占比最高的恶臭问题分类进行了详细分析，并指出对恶臭问题要抓住主要矛盾，解决突出问题。此外，为规范恶臭异味污染监测评价技术，2017 年生态环境部出台了《（HJ 905—2017）恶臭污染环境监测技术规范》和《（HJ 865—2017）恶臭嗅觉实验室建设技术规范》，并于 2022 年修订了异味浓度测定的标准方法《（HJ 1262—2022）环境空气和废气、臭气的测定三点比较式臭袋法》，代替原国家环境保护总局 1993 年 9 月 18 日批准发布的《（GB/T 14679—93）空气质量 恶臭的测定 三点比较式臭袋法》标准，进一步规范异味污染分析评价技术。

7.4.2　日本

日本在 1971 年出台了《恶臭防止法》，这是世界上第一部异味污染防治管理控制法规，1972 年又相继出台了《恶臭防止法施行令》《恶臭防止法实施规则》

以及关于恶臭污染物采样和测定方法的文件法规。日本异味污染排放标准体系中
包含了厂界标准、气体排放口标准和排水口标准。

　　日本《恶臭防止法》对厂界空气中 22 种特定异味物质的化学浓度以及空气
的异味指数（异味指数等于异味浓度的常用对数值的 10 倍）的限值进行了规定，
如表 7-10 所示[1]。地方政府根据异味的特征以及污染影响区域的土地性质、地
理条件和人群的敏感性来决定具体的限值。对于气体排放口和排水口，以其产生
的异味在厂界处满足限值标准进行控制。

表 7-10　日本异味污染物厂界浓度限值

序号	物质	限值（mg/m³）
1	氨	0.70 ~ 3.48
2	甲硫醇	0.0039 ~ 0.020
3	硫化氢	0.028 ~ 0.28
4	二甲基硫醚	0.025 ~ 0.51
5	二甲基二硫醚	0.035 ~ 0.39
6	三甲胺	0.012 ~ 0.017
7	乙醛	0.090 ~ 0.90
8	丙醛	0.12 ~ 1.2
9	丁醛	0.027 ~ 0.24
10	异丁醛	0.059 ~ 0.59
11	戊醛	0.032 ~ 0.18
12	异戊醛	0.011 ~ 0.035
13	异丁醇	2.73 ~ 60.6
14	乙酸乙酯	18.8 ~ 72.1
15	甲基异丁基酮	4.10 ~ 24.6
16	甲苯	37.7 ~ 226.1
17	苯乙烯	1.70 ~ 8.52
18	二甲苯	4.34 ~ 21.71
19	丙酸	0.09 ~ 0.61
20	丁酸	0.0036 ~ 0.022
21	戊酸	0.0038 ~ 0.017
22	异戊酸	0.0042 ~ 0.042

此外，日本《恶臭防止法》还规定了厂界空气的异味强度限值范围为2.5～3.5级，异味强度由六阶段法测定。

7.4.3　韩国

韩国制定了《恶臭预防法》进行异味污染的管理控制，并规定了采用洁净空气稀释–嗅觉测试法测定气体样品稀释至嗅觉阈值时的稀释倍数，单位为D/T。该方法与国内的三点比较式臭袋法以及欧美国家的动态稀释嗅辨仪法的基本原理一致，单位D/T也与ou/m³具有相同含义。

韩国《恶臭预防法》对工业区和非工业区的异味污染设施排气口的异味浓度分别设定了1000D/T和500D/T的最大排放标准，对工业区和非工业区的异味污染设施的厂界空气的异味浓度分别设定了20D/T和15D/T的最大浓度限值。

7.5　大洋洲异味污染管理控制政策与标准

7.5.1　澳大利亚

澳大利亚政府制定了《环境保护行动法案》对异味污染进行管理和控制。澳大利亚各州独立制定了异味污染最大影响标准，如表7-11所示[2,3]。

表7-11　澳大利亚各州的异味污染最大影响标准

异味标准	新南威尔士	首都地区	南澳大利亚	昆士兰	维多利亚	塔斯马尼亚
异味浓度限值标准（ou/m³）	2.0～7.0	2.0～7.0	2.0～10.0	5	1.0～5.0	2.0
百分位值	99或100，取决于气象条件和散发量	99.9	99.9	99.5	99.9	未知源：99.5 已知源：99.9 气象和散发条件良好时：100
平均周期	1h	3min	3min	1h	3min	1h
峰均值因子	采用	未采用，但须用幂律方程转化为3min峰值	未采用，但须用幂律方程转化为3min峰值	无尾流影响时取值10；受尾流影响时取值2	未采用，但须用幂律方程转化为3min峰值	包含在限值异味浓度中

澳大利亚各州设定了不同的异味浓度最大影响标准，异味浓度均值的限值是1～10ou/m³，对应的百分位数为99.5%～99.9%。异味浓度均值采用AERMOD等扩散模型计算，某些州在基于AERMOD计算的异味浓度小时均值基础上，

进一步采用峰均值因子方法计算异味浓度峰值。例如，昆士兰州设定了不同类型的异味污染源所对应的峰均值因子值（表 7-11），新南威尔士州在异味污染源类型分类的基础上，针对不同的大气稳定度对峰均值因子进行了进一步划分（表 7-12）。

表 7-12 澳大利亚新南威尔士州基于大气稳定度划分峰均值因子

源类型	不稳定、中性 (A，B，C，D)	稳定（E，F）
面源	2.5	2.3
尾流影响点源	2.3	2.3
无尾流点源	12	25
体源	2.3	2.3

7.5.2 新西兰

新西兰政府根据《资源管理法案》进行异味污染的管理控制，其基本策略与澳大利亚相似。新西兰根据环境空气质量功能区将受异味污染影响的区域划分为 3 种类型：高度敏感区域、中等敏感区域和低敏感区域。其中，医院、学院、托儿所、居民区属于高度敏感区域；中等敏感区域包括商业区、零售区、农村住宅区、生活区、轻工业区等；低敏感区域指农村、重工业区、公共道路区域。针对不用类型的区域分别设定异味污染最大影响标准，如表 7-13 所示。

表 7-13 新西兰异味污染最大影响标准

功能区	异味浓度（ou/m^3）	百分位
高度敏感区域（大气稳定度处于不稳定到半不稳定条件的最坏影响）	1	0.1，0.5
高度敏感区域（大气稳定度处于中性到稳定条件的最坏影响）	2	0.1，0.5
中等敏感区域（所有条件）	5	0.1，0.5
低敏感区域（所有条件）	5 ~ 10	0.5

参 考 文 献

[1] 王亘，孟洁，商细彬，等. 国外恶臭污染管理办法对我国管理体系构建的启示. 环境科学研究，2018，31（8）：1337-1345.

[2] Günther Schauberger，Martin Piringer，Chuandong Wu，et al. Environmental odour Switzerland：

MDPI, 2021.

[3] Marlon Brancher, K David Griffiths, Davide Franco, et al. A review of odour impact criteria in selected countries around the world. Chemosphere, 2017, 168: 1531-1570.

[4] Vincenzo Belgiorno, Vincenzo Naddeo, Tiziano Zarra. Odour Impact Assessment Handbook. United Kingdom: WILEY, 2012.

[5] EN 13725. Brussels, Belgium: European Committee for Standardization, 2003.

[6] ASTM E679-19. West Conshohocken, PA, USA: ASTM International, 2019.

[7] ONORM S 2205—1. Austria: AT-ON, 1999.

[8] DGR Lombardia n. 7/12764, Regione Lombardia: Serie Ordinaria, 2012.

[9] GB 14554—93. 北京: 中国标准出版社, 1993.

[10] Technical Framework– Assessment and Management of Odour from Stationary Sources in NSW, Sydney (2006), Parramatta, Australia: New South Wales Environmental Protection Authority, 2006.

[11] BImSchG-5 / 90. Germany: Federal Ministry for Environment, Nature Conservation and Reactor Safety BImSchG, 2015.

[12] Environmental Permitting: H4 Odour Management. UK: Environment Agency, 2011.

[13] Guidance for Operators on Odour Management at Intensive Livestock IPPC Installations Version 3. Pollution Prevention and Control Northern Ireland, 2009.

[14] 5 CCR 1001-4: Regulation No. 2 Odor, State of Colorado, Denver, CO, USA: Emissions Department of Public Health and Environment, 2013.

第8章 异味污染净化控制技术

垃圾填埋场、污水处理厂、畜禽养殖场、工业园区等是主要的异味污染源，如何有效净化污染源排放的异味气体，是异味污染控制的重要内容。这些异味气体的净化控制技术通常包括吸收法、吸附法、燃烧法、催化法、生物法、等离子体法、高级氧化法等。本章对常用的异味污染净化控制技术的基本原理和过程进行介绍。

8.1 吸 收 法

吸收法是指利用液体洗涤异味污染气体，从而将气体中的一种或几种异味污染物去除，是一类常用的气体污染控制技术。在吸收法控制异味污染过程中，被吸收的异味污染物组分称为吸收质或溶质，其余不被吸收的组分称为惰性气体，吸收用的液体称为吸收剂或溶剂，吸收质溶解于吸收剂中得到的溶液称为吸收液或溶液。吸收法处理异味污染气体的实质是吸收质分子从气相向液相转移的质量传递过程。

8.1.1 吸收过程

在气体吸收质（溶质）与液体吸收剂（溶剂）接触时，部分吸收质向吸收剂进行质量传递（即吸收过程），同时也会发生液相中的吸收质组分向气相逸出的传质过程（即解吸过程）。在一定的温度和压力下，当吸收过程的传质速率等于解吸过程的传质速率时，吸收质在气液两相间达到了动态平衡，简称相平衡。平衡时，气相中吸收质的组分分压称为平衡分压，液相中的吸收质浓度达到此条件下的最大浓度，称为平衡溶解度（c_A^*）。

气体吸收质在液体吸收剂中的溶解度与吸收质和吸收剂的性质有关，并受温度和压力的影响。当温度一定时，溶解度在数值上与吸收质组分在气相中的分压（p_A）成正比，即

$$c_A^* = f(p_A) \tag{8-1}$$

式中，c_A^*：气体吸收质在某液体吸收剂中的溶解度；p_A：吸收质组分在气相中的分压。

也可用曲线表示气液两相达平衡状态时的组成，图 8-1 给出了氨气和二氧化硫气体在水中的溶解度以及溶解度随温度的变化。由图可知，在相同的吸收剂

（水）和温度、分压下，不同气体的溶解度有很大差别。采用溶解能力强、选择性好的吸收剂，提高总压和降低温度，都会有利于增大气体吸收质的溶解度，提升异味污染的控制效果。

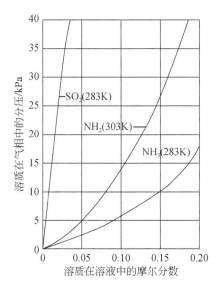

图 8-1　氨气和二氧化硫异味气体在水中的平衡溶解度

图 8-1 还表明，对于稀溶液，平衡关系式可以通过原点的直线表示，即气液两相的浓度成正比：

$$p^* = Ex \tag{8-2}$$

式中，p^*：平衡时吸收质的气相分压，Pa；x：吸收质在液相中的摩尔分数（无量纲）；E：亨利系数，Pa。

式（8-2）为著名的亨利定律，即在一定的温度下，稀溶液中溶质的溶解度与气相中溶质的平衡分压成正比。

根据道尔顿分压定律，亨利定律还可以表述为：

$$c = H \times p^* \tag{8-3}$$

式中，c：溶液中溶质的浓度，mol/m^3；p^*：平衡时吸收质的气相分压，Pa；H：溶解度系数，$kmol/(m^3 \cdot Pa)$。

H 越大，表明在同样的分压下溶质的溶解度越大，因此 H 称为溶解度系数。在亨利定律适用的范围内，H 还是温度的函数，随着温度的升高，H 降低。H 的大小反映了溶质气体的溶解难度。H 小的气体易于溶解。

亨利定律只适用于难溶和较难溶的气体，对于易溶和较易溶的气体，只有在液相中溶质的浓度特别低的情况下才适用。

对于稀溶液，近似有：

$$E = \frac{1}{H} \cdot \frac{\rho_0}{M_0} \tag{8-4}$$

式中，M_0：溶剂的摩尔质量，kg/kmol；ρ_0：溶剂密度，kg/m³。

8.1.2　吸收理论

对于吸收机理的解释目前已有众多理论模型，例如溶质渗透模型、表面更新模型、双膜理论模型等，目前应用最多的是双膜理论模型。双膜理论模型不仅适用于物理吸收，也适用于气液相反应。双膜理论模型的示意图如图 8-2 所示，图中，p 表示吸收质组分 A 在气相主体内的分压，p_i 表示吸收质组分 A 在相界面上的分压，c 表示吸收质组分 A 在液相主体内的浓度，c_i 表示吸收质组分 A 在相界面上的浓度。其基本要点为：

①当气液两相接触时，两相之间有一个相界面，在相界面两侧分别存在着一层稳定的层流薄膜，分别称为气膜和液膜。即使气液两相的主体呈湍流时，这两层膜内仍呈层流。

②吸收质组分从气相转入液相的过程依次分为五步：首先依靠湍流扩散从气相主体到气膜表面，然后依靠分子扩散通过气膜到达两相界面，在界面上吸收质组分从气相溶入液相，依靠分子扩散从两相界面通过液膜，最后依靠湍流扩散从液膜表面到液相主体。

③在两层膜以外的气相和液相主体内，由于流体的充分湍动，吸收质的浓度基本上是均匀的，即认为气相主体和液相主体内没有浓度梯度，而仅仅在气膜和液膜内存在浓度梯度。

④在相界面上，气液两相的浓度总是保持平衡，即相界面不存在吸收阻力。

⑤一般来说，气膜和液膜的厚度极薄，在膜中并没有吸收质组分的积累，所以吸收过程可以看成通过气液膜的稳定扩散。

根据双膜理论模型，可以把吸收过程简化为吸收质组分通过气膜和液膜两层层流膜的分子扩散，整个吸收过程的传质阻力就简化为通过这两层膜的分子扩散阻力[5]。

8.1.3　吸收速率方程

吸收质在单位时间内通过单位面积界面被吸收剂吸收的量称为吸收速率。它可以反映吸收的快慢程度。根据双膜理论，在稳态吸收操作中，从气相主体传递到界面吸收质的通量等于从界面传递到液相主体吸收质的通量，在界面上无吸收质积累和亏损。

表述吸收速率及其影响因素的数学表达式，即为吸收传质速率方程，其一般

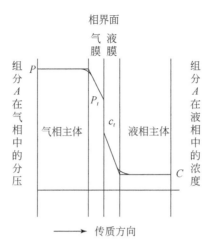

图 8-2　双膜理论模型图示

表达式为：吸收速率=吸收推动力×吸收系数，或者吸收速率=吸收推动力/吸收阻力。吸收系数和吸收阻力互为倒数。吸收推动力表示方法有多种，因而吸收速率方程也有多种表示方法。

（1）气相分传质速率方程

设 y 和 y_i 分别为气相主体和相界面上吸收质的摩尔分数，则气相分传质速率方程式可写为：

$$N_A = k_y(y - y_i) \tag{8-5}$$

式中，N_A：吸收速率，$kmol/(m^2 \cdot s)$；y、y_i：被吸收组分在气相主体和相界面上的摩尔分数；k_y：以 $(y - y_i)$ 为气相传质推动力的气相分吸收系数，$kmol/(m^2 \cdot s)$。

如果以 $(p - p_i)$ 为气相传质推动力，则式（8-5）可写为：

$$N_A = k_G(p - p_i) \tag{8-6}$$

式中，N_A：吸收速率，$kmol/(m^2 \cdot s)$；p、p_i：被吸收组分在气相主体和相界面上的分压，Pa；k_G：以 $(p - p_i)$ 为气相传质推动力的气相分吸收系数，$kmol/(m^2 \cdot s \cdot Pa)$。

（2）液相分传质速率方程式

以 $(x_i - x)$ 或 $(c_i - c)$ 为液相传质推动力，则液相传质速率方程式为：

$$N_A = k_x(x_i - x) \tag{8-7}$$

$$N_A = k_L(c_i - c) \tag{8-8}$$

式中，x_i，x：被吸收组分在液相主体和相界面上的摩尔分数；c_i、c：被吸收组分在液相主体和相界面上的物质的量浓度，$kmol/m^3$；k_x：以（$x_i - x$）为液相传质推动力的液相分吸收系数，$kmol/(m^2 \cdot s)$；k_L：以（$c_i - c$）为液相传质推动力的液相分吸收系数，$kmol/[m^3 \cdot s \cdot (kmol \cdot m^{-3})]$，简化为 m/s。

（3）总传质速率方程

以一个相的虚拟浓度与另一相中该组分平衡浓度的浓度差为总传质过程的推动力，则分别得到稳定吸收过程的气相和液相总传质速率方程式。

气相总传质速率方程式：

$$N_A = K_y(y - y^*) \tag{8-9}$$

$$N_A = K_G(p - p^*) \tag{8-10}$$

式中，K_y：以（$y - y_i$）为推动力的气相总吸收系数，$kmol/(m^2 \cdot s)$；K_G：以（$p - p_i$）为推动力的气相总吸收系数，$kmol/(m^2 \cdot s \cdot Pa)$；$y^*$：与液相主体中吸收质浓度成平衡的气相虚拟浓度；$p^*$：与液相主体中吸收质浓度成平衡的气相虚拟分压，$Pa$。

液相总传质速率方程式：

$$N_A = K_x(x^* - x) \tag{8-11}$$

$$N_A = K_L(c^* - c) \tag{8-12}$$

式中，K_x：以（$x^* - x$）为推动力的液相总吸收系数，$kmol/(m^2 \cdot s)$；K_L：以（$c^* - c$）为推动力的液相总吸收系数，m/s；x^*：与气相中组分浓度相平衡的液相虚拟浓度；c^*：与气相组分分压成相平衡的液相中被吸收组分的物质的量浓度，$kmol/m^{3[5]}$。

8.1.4 吸收塔

异味气体的吸收处理设备一般使用吸收塔，按照气液接触方式，可分为填料塔、板式塔、文丘里洗涤器等，其中填料塔是较为常用的吸收塔类型。

填料塔的基本结构包括塔身、填料支撑板和填料、填料压板。填料塔的塔身一般是直立式圆筒，底部安装填料支撑板，填料放置在支撑板上形成填料层，顶部安装填料压板用于固定填料层（图 8-3）。填料塔吸收异味气体时，液体吸收剂从填料塔的塔顶经液体分布器喷淋到填料层上，并沿填料表面向下流动。异味气体吸收质从塔底的气体入口进入，经气体分布器分布后，向上通过填料层的孔隙，气液两相以逆流形式在填料表面发生接触并进行传质，实现对异味气体污染物吸收去除的目的。

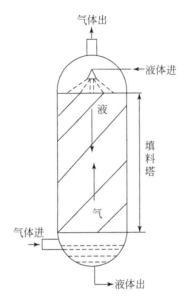

图 8-3　填料塔结构示意图

　　例如，吸收法去除废气中的二氧化硫是一种常用的异味污染净化控制技术。采用吸收法去除二氧化硫异味气体时，通常可采用填料塔对废气中的二氧化硫进行吸收。由于二氧化硫在水中的溶解度不高，常采用化学吸收法，可选的吸收剂种类较多，例如 NaOH、Na_2CO_3、Ca（OH）$_2$ 等[5]。

8.2　吸　附　法

　　吸附是指某种物质的分子、原子或者离子附着在某表面上的现象。气体吸附一般是利用多孔固体吸附剂将气体混合物中的一种或几种组分附着在固体表面，从而将其与其他组分分离的过程。能够附着在固体表面的物质称为吸附质，能够供吸附质附着的物质称为吸附剂。

　　吸附法是一种利用气体吸附原理的气态污染物净化方法，具有净化效率高、无二次污染、设备简单等优点。

8.2.1　吸附原理

　　固体表面是不均匀的，即使从宏观上看似乎很光滑，但从原子水平上看是凹凸不平的。固体表面上的原子或分子与液体一样，受力也是不均匀的。固体表面层的物质受到指向内部的拉力，这种不平衡力场的存在导致表面吉布斯函数（即表面自由熵）的产生。固体不能通过收缩表面降低表面吉布斯自由能，但它可利用表面的剩余力，从周围介质捕获其他的物质粒子，使其不平衡力场得到某种程度的补偿，致使表面吉布斯自由能降低，达到更稳定状态，如图 8-4 所示。因此，固体物质的表面容易吸附其他物质。

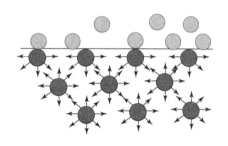

图 8-4　固体表面吸附物质粒子的原理

在一定的温度和压力下，被吸附物质（吸附质）的量随吸附剂表面积（吸附面积）的增加而加大。比表面积大的物质，如粉末状或多孔性物质，往往具有良好的吸附性能。

根据吸附剂表面与吸附质之间的作用力类型，吸附可以分为物理吸附和化学吸附。

（1）物理吸附

物理吸附是由于吸附剂和吸附质之间通过范德瓦耳斯力（分子间作用力）或氢键相互吸引而引起的。它可以是单层吸附，也可以是多层吸附，具有以下特征：

①不发生化学反应。吸附剂与吸附质之间不发生化学反应。

②吸附热较小。物理吸附是放热反应，但放热一般较小，多数气体的物理吸附焓 $-\Delta H_m \leqslant 25\text{kJ/mol}$，不足以导致化学键断裂。

③吸附过程快。物理吸附过程极快，常常瞬间即达到平衡。

④没有选择性。任何固体表面可以吸附任何气体，但吸附量会有所不同，一般易液化的气体易被吸附。

⑤易解吸（脱附）。物理吸附过程是可逆的，吸附剂与吸附质之间的吸附力不强，当温度升高或气体中吸附质分压降低时，被吸附的气体极易从吸附剂表面逸出，发生解吸或脱附。

物理吸附过程与吸附量受吸附剂的比表面积和细孔分布影响大。

（2）化学吸附

化学吸附是由吸附质与吸附剂之间的化学键作用力而引起的。化学吸附是单层吸附，具有以下特征：

①吸附质和吸附剂之间发生电子转移、原子重排或化学键断裂与生成等化学反应。

②吸附热较大。化学吸附类似于表面化学反应，化学吸附的吸附热接近于化学反应的反应热，比物理吸附大得多，一般都在 $40 \sim 400 kJ/mol$ 的范围，典型值 $200 kJ/mol$。

③吸附速率慢。化学吸附需要活化能，吸附与解吸的速率都较小，不易达吸附平衡。温度升高，化学吸附和解吸速率都加快，在较高温度下才能发生明显的化学吸附。

④选择性较强。固体表面的活性位只吸附可与之发生反应的气体分子，如酸位吸附碱性分子，反之亦然。

⑤不易解吸。化学吸附很稳定，一旦吸附，就不易解吸。

化学吸附相当于吸附剂表面分子与吸附质分子发生了化学反应，吸附剂的表面化学性质和吸附质分子的化学性质对化学吸附影响大。

表 8-1 对物理吸附和化学吸附进行了对比。需要注意的是，对于同一种吸附质，物理吸附和化学吸附有可能同时发生，在化学吸附之前往往先发生物理吸附。一般情况下，物质在较低的温度时，容易发生物理吸附；随着温度的升高，物理吸附减弱，但化学吸附逐渐明显（图 8-5）。

表 8-1　物理吸附和化学吸附的比较

	物理吸附	化学吸附
吸附力	范德瓦耳斯力	化学键力
吸附热	较小（约等于液化热）	较大
选择性	无选择性（所有气体与所有表面）	有选择性
稳定性	不稳定，易解吸	稳定
分子层	单分子层或多分子层	单分子层
吸附速率	较快 受温度影响小 受吸附剂的比表面积和细孔分布影响大	较慢 受温度影响大 受表面化学性质和化学性质影响大

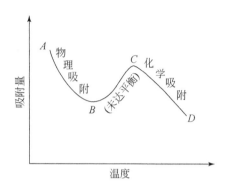

图 8-5　吸附过程随温度变化

8.2.2　吸附平衡

（1）吸附过程

吸附过程通常需要较长时间才能达到两相平衡，而吸附剂在实际使用过程中，与吸附质的接触时间是有限的，因此，实际吸附量取决于吸附速率。

气体在吸附剂上的吸附过程主要分为 3 个传质阶段：

①外扩散（对流传质）：吸附质分子从气流主体穿过气膜扩散至吸附质外表面，这一阶段主要是对流传质过程。

②内扩散（扩散传质）：吸附质分子由吸附剂的外表面经微孔扩散至吸附剂内部的微孔表面，主要发生的是吸附剂材料的孔内扩散传质。

③吸附：达到吸附质微孔表面的吸附质被吸附附着。对于化学吸附，吸附之后还会有化学反应过程。

在吸附质分子被吸附的同时，由于分子的不断运动，吸附与解吸的过程同步发生，被吸附的分子还会从吸附剂中脱离或解吸出来，其脱离或解吸过程与上述吸附过程相反。

由上述过程可知，吸附过程的阻力主要来自于 3 个方面：

①外扩散阻力：吸附质分子经过气膜扩散的阻力。

②内扩散阻力：吸附质分子经过微孔扩散的阻力。

③吸附本身的阻力：吸附质分子吸附于吸附剂表面的阻力。

因此，吸附速率取决于外扩散速率、内扩散速率和吸附本身的速率。外扩散过程和内扩散过程是物理过程，吸附本身是动力学过程。对于一般的物理吸附，吸附本身的速率是很快的，即动力学过程的阻力可以忽略；但是对于化学吸附（或动力学控制的吸附），其吸附本身的阻力不能忽略。

（2）吸附平衡与吸附量

在吸附过程中，随着吸附质在吸附剂表面数量的增加，吸附质的解吸速度也逐渐加快，当吸附速度和解吸速度相当，即在宏观上当吸附量不再继续增加时，就达到了吸附平衡[5]。

吸附量指单位质量的吸附剂所吸附的吸附质的体积或质量，常用 q 表示。

$$q = \frac{V_S}{m_{吸附剂}} \text{或} \ q = \frac{m_{吸附质}}{m_{吸附剂}}$$

式中，q：吸附量，mL/g 或 g/g；V_S：换算为标准状况下的吸附质体积，mL；$m_{吸附质}$：吸附质质量，g；$m_{吸附剂}$：吸附剂质量，g。

达到吸附平衡时，吸附剂对吸附质的吸附量称为平衡吸附量。

平衡吸附量的大小与吸附剂的物化性能，例如比表面积、孔结构、粒度、化学成分等有关，也与吸附质的物化性能、压力或浓度，以及吸附温度等因素有关。

8.2.3　吸附等温线

对于一定的吸附剂与吸附质组成的体系，达到吸附平衡时，吸附量是温度和吸附质压力的函数，即：

$$q = f(T, p)$$

通常固定一个变量可以求出另外两个变量之间的关系，例如：

①T=常数，$q = f(p)$，吸附等温线。

②P=常数，$q = f(T)$，吸附等压线。

③q=常数，$p = f(T)$，吸附等量线。

吸附等温线（adsorption isotherm）是各类吸附曲线中最重要的。当温度恒定时，单位质量吸附剂对吸附质的吸附量 q 与气相中吸附质的分压 p 之间的平衡关系曲线为吸附等温线。吸附等温线一般根据实验绘制。

吸附等温线是研究吸附剂、吸附质性质及其相互作用关系的重要方法。由于吸附剂的表面是不均匀的，吸附质分子和吸附剂表面分子之间的作用力也各不相等，因此吸附等温线的形状也各不相同。

单一组分气体的吸附等温线通常可以分为 6 种类型，如图 8-6 所示。纵坐标为吸附量，横坐标为相对压力 p/p_0（p：气体吸附平衡压力，p_0：气体在吸附温度时的饱和蒸汽压）。

（1）Ⅰ型

也称为 Langmuir 型吸附等温线，可用单分子层吸附来解释。在 2.5nm 以下

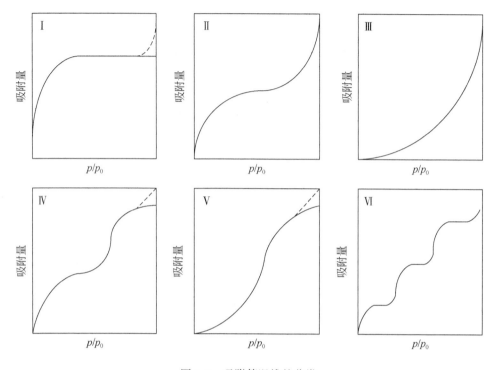

图 8-6　吸附等温线的分类

微孔吸附剂上的吸附等温线属于这种类型。

Ⅰ型等温线有两种亚型（图 8-7）。

①Ⅰ-A 型。当吸附剂仅有 2.5nm 以下的微孔时，虽然发生了多层吸附和毛细凝聚现象，但是一旦吸附剂上所有的孔都被吸附质填满后，吸附量便不再随相对压力增加，呈现出饱和吸附，相当于在吸附剂表面上只形成单分子层。

②Ⅰ-B 型。当吸附剂具有超微孔（0.5～2.0nm）和极微孔（小于 1.5nm）时，外表面积比孔内表面积小很多，会呈现 Ⅰ-B 型吸附等温线。

在低压区，主要发生的是吸附质在吸附剂外表面微孔内的填充吸附过程，此时吸附曲线迅速上升，其极限吸附容量取决于可接近的微孔容积。随着压力上升，微孔逐渐填满，几乎没有进一步的吸附发生，吸附等温线出现平台。在接近或达到饱和蒸气压时，吸附等温线呈现出迅速上升的趋势（Ⅰ-B 型虚线部分），主要是由于吸附质在中孔、大孔等非微孔表面上的多层吸附（凝聚）。

活性炭和沸石吸附剂常呈现这种类型。例如，78K 时 N_2 在活性炭上的吸附，水和苯蒸气在分子筛上的吸附均属这种类型。

此外，在吸附温度超过吸附质的临界温度时，由于不发生毛细管凝聚和多分

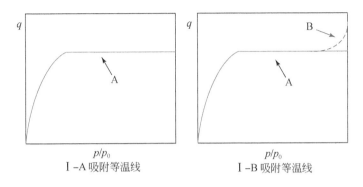

图 8-7　I-A 型和 I-B 型吸附等温线

子层吸附，即使是不含微孔的固体也能得到 I 型等温线。

（2）Ⅱ型

常称为 S 型等温线，经常可见于大孔（大于 5nm）或非多孔型固体吸附剂上，属于多分子层吸附，一般是物理吸附。

Ⅱ型吸附等温线在低 p/p_0 处有一个拐点。在相对压力约 0.3 时，等温线向上凸，形成一个拐点，指示第一层吸附大致完成（图 8-8）。

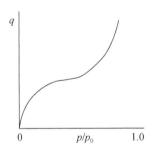

图 8-8　Ⅱ型吸附等温线

随着相对压力 p/p_0 的增加，开始形成第二层，在相对压相对接近 1，即达到饱和蒸气压时，吸附层数无限大，发生凝聚现象，吸附量急剧增加，呈现不饱和吸附状态。

非多孔型固体表面发生多分子层吸附属这种类型，如非多孔型金属氧化物粒子吸附氮气或水蒸气。

(3) Ⅲ型

当吸附剂和吸附质的吸附相互作用小于吸附质之间的相互作用时，会呈现Ⅲ型吸附等温线，这种等温线一般较为少见。

在低相对压力 p/p_0 区，由于吸附剂与吸附质之间的作用比吸附质分子之间的相互作用弱，吸附质难于吸附，吸附量较低。随着相对压力 p/p_0 的增加，吸附质分子之间较强的相互作用使吸附过程发生自加速现象，吸附量快速上升。吸附量上升过程中，没有可识别的拐点（图8-9）。

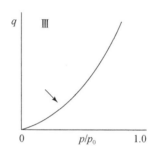

图 8-9　Ⅲ型吸附等温线

Ⅲ型吸附等温线并不多见。在憎液性表面发生多分子层吸附的吸附等温线属于Ⅲ型。例如，水蒸气在石墨表面上吸附。由于水分子之间能够形成很强的氢键，石墨表面一旦吸附了部分水分子，第二层、第三层的吸附就较易形成。

Ⅲ型和Ⅱ型吸附等温线都是发生在孔径大于5nm的多孔固体上，其主要区别在于Ⅲ型的前半段呈向下凹的形状，这是由于Ⅲ型吸附的第一层吸附热要小于吸附质的凝聚热。

(4) Ⅳ型

孔径在 2~5nm 之间的多孔吸附剂发生多分子层吸附时会有Ⅳ型等温线。

Ⅳ型等温线的特点是，在相对压力较低时，吸附剂表面形成易于移动的单分子层吸附，吸附等温线向上凸起。在升高相对压力时，由于中孔内的吸附已经结束，吸附只在远小于内表面积的外表面上发生，曲线平坦。随着相对压力继续升高，曲线再次凸起，是由于吸附剂表面建立类似液膜层的多层分子吸附所引起。在相对压力接近1的高压区时，吸附质主要在大孔上吸附，曲线上升（图8-10）。

氮气、有机物质蒸气和水蒸气在硅胶上的吸附属这一类。例如，在323K时，苯在氧化铁凝胶上的吸附。

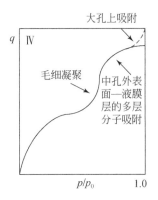

图 8-10　Ⅳ型吸附等温线

Ⅳ型等温线与Ⅱ型等温线相比，在低压下二者大致相同，不同的是在高比压下Ⅳ型出现吸附饱和现象，说明这些吸附剂的孔径有一定的范围，在高比压时容易达到饱和。

（5）Ⅴ型

Ⅴ型吸附等温线一般发生在孔径在 2～5nm 之间的固体吸附剂上，发生的是多分子层吸附，有毛细凝聚现象，吸附容量受孔容的限制（图 8-11）。

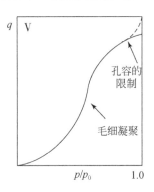

图 8-11　Ⅴ型吸附等温线

例如，373K 时，水蒸气在活性炭上的吸附属于这种类型。

Ⅳ型及Ⅴ型吸附等温线的吸附剂都是过渡性孔，孔径在 2～5nm 之间；有毛细管冷凝现象和受孔容的限制。这些等温线在低压时类似于非多孔体的Ⅱ型、Ⅲ型。但是，在饱和蒸气压（$p/p_0=1$）附近，吸附剂的大孔内会发生毛细管凝聚。

Ⅳ型及Ⅴ型由于在达到饱和浓度之前吸附就达到平衡，因而显出滞后效应，产生吸附滞后（adsorptionhysteresis）。

（6）Ⅵ型

Ⅵ型又称阶梯型等温线（step-wise isotherm），常发生于非极性的吸附质在均匀非多孔固体上的吸附现象。

Ⅵ型吸附等温线呈阶梯型，是先形成第一层二维有序的分子层后，再吸附第二层。吸附第二层显然受第一层的影响，因此成为阶梯型。发生Ⅵ型相互作用时，达到吸附平衡所需的时间长。

Ⅵ型吸附等温线在低相对压力段的形状（第一层饱和吸附层未建立以前）反映了气体与表面作用力的大小；中等相对压力段反映了单分子层的形成及向多层或毛细凝聚的转化；高相对压力段的形状可看出固体表面有孔或无孔，以及孔径分布和孔体积的大小等（图8-12）。

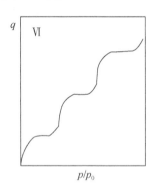

图 8-12　Ⅵ型吸附等温线

例如，甲烷在均匀表面 MgO（100）上的吸附等温线为阶梯形等温线。如图 8-13 所示。

对于一定的吸附剂与吸附质的体系，在一定温度下达到吸附平衡时，平衡吸附量与平衡浓度（分压）之间的关系可以用数学函数式，即吸附等温线方程来表示。

（7）朗缪尔（Langmuir）方程

朗缪尔（Langmuir）推导出了能较好适用于Ⅰ型吸附等温线的理论公式。设吸附质在吸附剂表面的覆盖率为 θ，则未覆盖率为（$1-\theta$）。若气相分压为 p，则吸附速率 r_a 为：

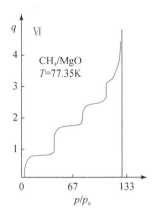

图 8-13　甲烷在均匀表面 MgO 上的吸附等温线

$$r_a = k_a p(1-\theta)$$

解吸速率 r_d 为：

$$r_d = k_d \theta$$

式中，k_a：吸附常数；k_d：解吸常数。

当吸附达到平衡时，吸附速率与解吸速率相等：

$$k_a p(1-\theta) = k_d \theta$$

令 $\dfrac{k_a}{k_d} = B$，则：

$$\theta = \frac{Bp}{1+Bp}$$

若以 A 代表饱和吸附量，则单位吸附剂所吸附的吸附质的质量 X_T 为：

$$X_T = A \times \theta = \frac{ABp}{1+Bp}$$

Langmuir 吸附等温式能解释很多实验结果，是目前较为常用的吸附等温方程式之一。但 Langmuir 吸附等温式也有一些限制，例如假设吸附是单分子层的，不适用于多分子层吸附；假设吸附剂表面是均匀的，但其实大部分表面是不均匀的；在覆盖度 θ 较大时，Langmuir 吸附等温式不适用。

（8）弗罗因德利希（Freundlich）方程

弗罗因德利希根据实验结果对 I 型吸附等温线提出如下经验方程式：

$$X_T = k\, p^{\frac{1}{n}}$$

式中，X_T：被吸附的吸附质质量与吸附剂质量之比；p：吸附质在气相中的分压，

Pa；k、n：经验常数，与吸附剂、吸附质种类及吸附温度有关，通常 $n>1$。

Freundlich 方程适用于中压条部分，适用范围比 Langmuir 方程更广。

（9）BET 方程

布鲁诺尔（Brunauer）、埃梅麦特（Emmett）和泰勒（Teller）三人提出了适合 I 型、II 型、III 型吸附等温线的多分子层吸附理论，并建立了吸附等温方程式：

$$X_T = \frac{X_e CP}{(P_0 - P)[1+(C-1)P/P_0]}$$

或

$$V = \frac{V_m CP}{(P_0 - P)\left[1+(C-1)\dfrac{P}{P_0}\right]}$$

上式也可写成：

$$\frac{P}{V(P_0-P)} = \frac{1}{V_m C} + \frac{(C-1)P}{V_m C P_0}$$

式中，X_T：被吸附的吸附质质量与吸附剂质量之比；X_e：饱和吸附量分数；C：与吸附热有关的常数；P：吸附质在气相中的平衡分压，Pa；P_0：在吸附温度下，吸附质的饱和蒸汽压，Pa；V：被吸附气体在标准状态下的体积；V_m：吸附剂被覆盖满一层时吸附气体在标态下的体积。

BET 方程在 p/p_0 为 0.05～0.35 时较为准确。

8.2.4　吸附剂

虽然所有的固体表面对于气体分子都会或多或少地具有物理吸附作用，但作为气体污染物净化材料的吸附剂，必须具有以下特征：

①吸附容量大：吸附容量指在一定的温度下，单位质量的吸附剂能够吸附的吸附质最大质量。吸附容量与吸附剂的表面积紧密相关，吸附剂具有巨大的表面积可以增大其吸附容量。此外，吸附剂的孔隙、孔径、分子极性和官能团对吸附容量也有较大影响。

②选择性吸附能力强：室内空气中污染物分子仅占空气组分的少数部分，因此，吸附剂需要具有很强的选择性吸附能力，有效的吸附特定的污染物组分，滤过氮气、氧气等常规组分，提高吸附剂的寿命和对污染物的净化效率。

③较高的机械强度与稳定性，较低的成本。

目前常用于气体污染物净化的吸附剂材料主要有以下几类。

①含氧化合物：主要为亲水的、极性的吸附剂，包括硅胶和沸石等。

②含碳的化合物：主要为疏水的、非极性的吸附剂，包括活性炭、石墨等。

③多聚物化合物：主要为极性或非极性的功能材料，例如多孔聚合物，包括 Tenax TA 吸附剂等。

VOCs 异味气体通常可以采用吸附法进行处理，通过吸附剂对废气中的 VOCs 组分进行吸附达到净化异味的目的。例如，活性炭吸附剂对中、低浓度的 VOCs 异味气体具有良好的净化效果。活性炭纤维对低浓度甚至痕量的 VOCs 污染物效果同样显著[1]。常用吸附剂的性质及可适用范围见表 8-2。

表 8-2 常用吸附剂的性质及适用范围

吸附剂	性质	水蒸气	特性	适用范围
活性炭	非极性	疏水	吸附容量大、吸附能力强	有机气体、低浓度、湿度大的样品
硅胶	极性	亲水	对极性物质具有较强的吸附作用	乙酰胺、芳香胺和脂肪胺
沸石	极性	亲水	对极性污染物具有较高的吸附作用	甲醛等极性污染物
Tenax	非极性	疏水	基体为聚 2,6-二苯基-对苯醚，热稳定性好	$C_7 \sim C_{26}$ 的化合物
Carbotrap 和 Carbopack	非极性	疏水	可吸附很宽范围的化合物，可使用溶剂解吸，也可进行热脱附。但耐热性不如 Tenax。常用于冷阱吸附管	C_4 到多氯联苯和其他大分子的化合物
Carbosieve	非极性	疏水	骨架为纯碳，耐 400℃	C_2 和其他小分子化合物
Carboxen	非极性	疏水很强	可用于湿度高于 90% 以上的样品富集	$C_2 \sim C_5$ 的 VOCs

8.3 燃 烧 法

燃烧法是指通过燃烧过程将异味气体转化为无味无害的物质。石油化工、喷涂、垃圾处理等行业产生的异味污染气体中有机物的含量高，比较适合燃烧法净化处理。通过燃烧处理将有机异味物质转化生成 CO_2 和 H_2O，实现对异味污染的控制。燃烧法应用于异味污染气体净化时可分为直接燃烧、热力燃烧、催化燃烧等。

8.3.1 直接燃烧法

直接燃烧法是把异味气体中的可燃组分直接进行燃烧，该方法只适用于净化可燃组分浓度较高的异味气体，或者用于净化热值较高的异味气体，因为只有燃烧时放出的热量能够补偿散向环境中的热量时，才能维持燃烧区的温度，实现持续燃烧。如果气体中可燃组分的浓度高于燃烧上限，可以混入空气进行稀释后燃烧；如果可燃组分的浓度低于燃烧下限，则可以加入一定数量的辅助燃料，如天然气等，维持燃烧，但是会增加处理成本。

直接燃烧法的处理设备包括燃烧炉或燃烧窑等，燃烧时的温度一般需在1100℃，燃烧处理的最终产物为 CO_2、H_2O 和 N_2 等。直接燃烧法不适于处理低浓度的异味气味或其他废气。

例如，炼油厂氧化沥青生产的异味废气，可以送入生产用的加热炉直接燃烧净化，并对燃烧过程中产生的热量进行回收。溶剂厂产生的甲醛尾气也常采用燃烧法处理。甲醛尾气经吸收处理后，仍含有甲醛约 $0.75g/m^3$、氢气 17%～18%，甲烷 0.04%，常送入锅炉在 1100℃ 以上进行直接燃烧处理。

8.3.2　热力燃烧法

当异味气体或其他废气中可燃组分的含量较低时，其本身不能维持燃烧，此时需要通过燃烧其他燃料把待处理的异味气体的温度提高到热力燃烧所需的温度，异味气体自身作为助燃气参与燃烧反应，并分解为 CO_2、H_2O 和 N_2 等。热力燃烧所需温度较直接燃烧低，在 540～820℃ 即可进行。

热力燃烧的过程可分为 3 个步骤：辅助燃料燃烧，提供热量；待处理的异味气体与高温燃气混合，使其达到反应温度；在反应温度下，保持异味气体有足够的停留时间，使异味气体中的可燃组分氧化分解，达到净化目的。

热力燃烧可以在专用的燃烧装置中进行，也可以在普通的燃烧炉中进行。在热力燃烧过程中，不同组分的气体燃烧氧化的条件不完全相同。对于大部分物质来说，在燃烧温度 740～820℃，停留时间 0.1～0.3s 内即可反应完全；大多数碳氢化合物在 590～820℃ 即可完全氧化。因此，燃烧温度和停留时间是影响热力燃烧的重要因素。此外，高温燃气与待处理异味气体的混合程度也是一个关键因素。在一定的停留时间内如果没有充分混合，就会导致有些异味气体没有升温到反应温度就已逸出反应区外，从而不能得到有效净化。

8.3.3　催化燃烧法

催化燃烧的本质是催化氧化，即在催化剂作用下，使异味气体中的有害可燃组分完全氧化为 CO_2、H_2O 等小分子组分。由于绝大部分有机物均具有可燃烧性，而大多数的异味物质都是有机物，因此催化燃烧法是净化恶臭异味气体的有效手段。催化燃烧法已成功应用于印刷、炼焦、油漆、化工等多种行业的异味气体净化处理[7]。

与其他几种燃烧法相比，催化燃烧法需要的燃烧温度较低，大部分有机物在300～450℃即可完成催化燃烧反应，因此需要的辅助燃料较少；催化燃烧为无火焰燃烧，安全性好；催化燃烧过程中催化剂的寿命容易受到尘粒、雾滴等影响，因此对处理气体中尘粒和雾滴的含量有较严格的要求，一般要求先进行除尘、除液滴等前处理。

催化燃烧的催化剂一般较多选用 Pt、Pb 等贵金属催化剂，这些催化剂活性好、寿命长、使用稳定，催化剂的载体一般可选用蜂窝状或粒状的 Al_2O_3 以及镍铬合金等金属和合金。

8.4　催　化　法

8.4.1　催化原理

催化法净化气态污染物，是借助催化剂的催化作用使气体污染物在催化剂表面发生化学反应，转化为无害或易于处理和回收的物质的净化方法，在气体污染物净化领域得到了较多的应用。例如，Pt、Pd、Au、Cu、Mn 等金属及其氧化物常被用于催化降解甲醛和苯、甲苯等 VOCs 污染物。

催化作用是指催化剂在化学反应过程中起到的加快（或减慢）化学反应速率的作用。在气态污染物的催化净化过程中，催化剂的催化作用是加快气态污染物（反应物）转化为无害或易处理回收物质（产物）的化学反应速率。

（1）化学反应速率

在化学反应过程中，当反应物变为产物时，反应物的某些化学键要断裂，进行分子重排，生成产物。不同的化学反应进行的速率各不相同，有些反应进行得很快，有些反应则进行得很慢，例如臭氧与一氧化氮的反应可以很快发生，但与氨气反应则需要上百天才能进行。化学反应速率就是用来衡量化学反应进行的快与慢的指标。

化学反应速率是指单位时间内反应物或者生成物浓度的变化量（正值），用来衡量化学反应进行的快慢。表示化学反应速率与浓度之间的关系，或表示浓度与时间之间关系的方程，称为化学反应速率方程，也称动力学方程。

化学反应速率的影响因素众多。瑞典物理化学家阿伦尼乌斯（Arrhenius）研究了许多气相反应的速率，通过大量实验与理论的论证，提出一个较为精确的描述反应速率与温度关系的经验公式，即阿伦尼乌斯方程：

$$k = Ae^{-\frac{E_a}{RT}}$$

式中，k：某一温度下的化学反应速率常数；A：指前因子，或称频率因子常数；e：自然对数的底（e=2.718）；R：摩尔气体常数，8.314J/（mol·K）；T：热力学温度；E_a：反应的表观活化能，通常简称活化能。

（2）活化能

阿伦尼乌斯认为，在化学反应的体系中，并不是每一次的分子碰撞都能发生反应，只有能量足够高的分子之间的碰撞才能发生反应，这些能量高到能够发生反应的分子称为"活化分子"。由非活化分子转化为活化分子所需的能量称为"活化能（E_a）"。

活化能 E_a 可通过阿伦尼乌斯方程进行测算。对阿伦尼乌斯方程的左右两边取对数，可以得到：

$$\ln k = \ln A - \frac{E_a}{RT}$$

若假定 A 与 T 无关，则通过微分可以得到：

$$\frac{d\ln k}{dT} = \frac{E_a}{RT^2}$$

在一定的温度范围内，若以 $\ln k$ 对 $1/T$ 作图，可以得到一条直线，通过该直线的斜率和截距可以分别计算活化能 E_a 和指前因子 A。

（3）催化剂对活化能的改变

阿伦尼乌斯方程中描述了化学反应速率随活化能 E_a 的降低而呈指数增长的变化规律。当催化剂存在时，催化剂参与化学反应，改变反应途径，降低了化学反应的活化能，使活化分子的数量大幅增加，反应速率大幅加快。

例如，对于化学反应

$$A+B \longrightarrow AB$$

所需活化能为 $E_{a,1}$，加入催化剂 C 后，上述反应分为两步进行：

$$A+C \longrightarrow AC$$

$$AC+B \longrightarrow AB+C$$

所需活化能分别为 $E_{a,2}$ 和 $E_{a,3}$，二者都小于 $E_{a,1}$。

显然，催化剂 C 的加入不改变原化学反应的产物（仍为 AB），但改变了反应的历程，降低了反应活化能，使整体的反应速率加快。

需要注意的是，催化剂可以改变化学反应速率，但不能改变自由能，即不能影响物质与物质之间是否能进行化学反应，以及反应可以进行到什么程度（反应的转化率）。从热力学来看，反应能否进行，是由反应体系的自由能所决定。不管催化剂的活性有多大，也不可能改变自由能，使一定热力学条件下不能发生的化学反应变得可以发生。化学反应的平衡常数与反应体系的自由能有关，催化剂不改变自由能，也就不会影响和改变化学反应的平衡常数，即不能改变反应所能达到的平衡状态，只能改变（缩短或延长）达到平衡所需的时间。

对于可逆反应，化学反应平衡常数等于正、逆反应速率常数之比。由于催化剂对正逆反应速率的影响相同（造成相同倍数的改变），因此催化剂不会改变由正逆反应速率常数之比计算得到的化学反应平衡常数，仅仅是改变达到反应平衡的时间。

8.4.2　催化剂

如果把某物质（可以是一种到几种）加到化学反应系统中，可以改变反应的速率而该物质本身在反应前后没有数量上的变化，同时也没有化学性质的改变，则该物质称为催化剂（catalyst），这种作用称为催化作用（catalysis）。当催化剂的作用是加快反应速率时，称为正催化剂（positive catalyst）；当催化剂的作用是减慢反应速率时，称为负催化剂（negative catalyst）或阻化剂。由于正催化剂用得较多，所以一般不特别说明的话，都是指正催化剂。

催化剂改变反应速率的原因在于，改变了反应的活化能，并改变了反应历程。因此，催化剂（一般指正催化剂）的作用是降低化学反应的活化能，加速化学反应，其本身的化学性质在反应前后保持不变，也不影响反应的平衡状态。例如，在使用氧气氧化二氧化硫时，不论使用氧化铁、五氧化二钒还是铂作为催化剂，反应达到平衡时体系的组成是一样的，但不同类型的催化剂对反应速率的影响不一样[7]。

（1）催化剂类型

催化剂按照存在状态可分为气态、液态和固态三类，其中固态催化剂应用最为广泛，也是净化气体污染物时最常用的催化剂类型。

固态催化剂通常由活性成分、助催化剂和载体组成。活性成分是催化剂中加速化学反应速率的主要有效成分，可作为催化剂单独使用。助催化剂本身对化学反应并无催化作用，但与活性成分共同使用时能够提升活性成分的催化能力，因此常常与活性组分搭配使用。载体一般是用于承载活性组分和助催化剂，使催化剂具有适宜的形状、粒径和机械强度。

净化气态污染物常用的几种催化剂材料如表8-3所示[7]。

表 8-3　净化气态污染物常用催化剂材料

活性成分	助催化剂	载体	催化净化效果
铂（Pt）、钯（Pd）	—	镍（Ni）或三氧化二铝（Al_2O_3）	将苯（C_6H_6）、甲苯（C_7H_8）等氧化为 CO_2 和 H_2O
铂（Pt）、钯（Pd）	—	镍（Ni）	将 NO_x 还原为 N_2
氧化铜（CuO）、三氧化二锰（Mn_2O_3）	—	三氧化二铝（Al_2O_3）	将碳氢化合物（HC）和一氧化碳（CO）氧化为 CO_2 和 H_2O
五氧化二钒（V_2O_5）	氧化钾（K_2O）、氧化钠（Na_2O）	二氧化硅（SiO_2）	将 SO_2 氧化为 SO_3

（2）催化剂活性

催化剂活性是衡量催化剂性能最重要的指标，是衡量催化剂效能大小的标准。催化剂的活性可用在一定条件下，用单位质量（或体积）的催化剂在单位时间内可获得的产物的量来表示，即：

$$A = \frac{m_{产物}}{t \cdot m_{催化剂}}$$

式中，A：催化剂活性，g/(h·g)；$m_{产物}$：产物质量，g；t：反应时间，h；$m_{催化剂}$：催化剂质量，g。

催化剂的活性还可用反应物的转化率 X 来表示：

$$X = \frac{m_{转化}}{m_{总量}}$$

式中，X：反应物的转化率，%；$m_{转化}$：反应物已转化或已反应的质量，g；$m_{总量}$：反应物流经催化剂的总质量，g。

（3）催化剂选择性

催化剂的选择性是指当反应物有几个反应方向时，某种催化剂在一定条件下只对其中的一个反应方向起加速作用的特性（$S\%$）：

$$S\% = \frac{目标产物的产率}{转化率} \times 100\%$$

（4）催化剂稳定性

催化剂的稳定性是指其在化学反应中保持活性的能力，包括化学稳定性、耐热稳定性、机械稳定性。催化剂的稳定性决定了催化剂的使用寿命。因此也常用催化剂的使用寿命来表征其稳定性。

影响催化剂寿命的主要因素是老化和中毒。老化是指催化剂在正常工作条件下逐渐失去催化活性的过程，主要是由于活性组分流失、催化剂烧结、机械性粉碎等因素引起。温度对老化的影响较大，高温时容易加速低熔点活性组分的流失，导致老化速率加快。为延长催化剂的寿命，应使催化剂在适宜的温度范围（活性温度）内工作。

催化剂中毒主要是指反应物中少量的杂质使催化剂活性迅速下降的现象，这种导致催化剂中毒的杂质称为"毒物"。催化剂中毒的实质是毒物比反应物对催化剂的活性组分有更强的亲和力，占据了活性位点。为了避免催化剂中毒，应对反应物进行必要地预处理。

8.5　生　物　法

8.5.1　生物法基本原理

生物法净化异味气体是指在适宜的环境和介质中，利用微生物的代谢作用将异味污染物组分转化为 CO_2、H_2O、N_2 等简单无机物及细胞质等物质，同时，异味污染物组分也可以作为碳源维持微生物的生命活动。生物法在废水处理领域已有 100 余年的研究和应用历史，从 20 世纪 80 年代开始，生物法在废气净化领域也有了较快的发展。

生物法净化异味气体的过程主要包括溶解吸收和生物降解两个环节。异味气体组分首先通过气液传质从气相进入液相，然后从液相继续扩散至生物膜表面，最后被微生物捕获降解，并转化为代谢产物排出生物膜，其中 CO_2、N_2 等脱离生物膜表面并重新返回气相，硫元素一般会以硫酸盐（SO_4^{2-}）或硫单质（S）的形式保留在生物体内或液相中[9]。

8.5.2　生物法处理工艺

生物法净化异味气体的处理工艺按照系统中微生物的存在形式可以分为悬浮生长系统和附着生长系统。

悬浮生长系统中，微生物及其所需的营养物质悬浮于培养液中，异味气体通过与培养液接触而转移至液相并进而被微生物捕获降解。悬浮生长系统的典型形式是生物洗涤工艺。生物洗涤法净化异味气体时，含有微生物的培养液从洗涤塔的顶部经布液装置向下喷淋，含有异味污染物组分的气体自洗涤塔底部经布气装置向上流动，气液两相接触时，气相中的异味污染物组分传质进入培养液并被微生物吸收和代谢分解。流到洗涤塔底部的培养液经再生处理后可以输送到洗涤塔的顶部进行循环使用。生物洗涤法适用于处理水溶性较好的异味气体。

　　附着生长系统中，异味气体通过由填料介质构成的固定床层时，被附着在填料介质上的微生物捕获吸收和代谢降解。附着生长系统的典型工艺是生物过滤工艺。采用生物过滤法降解异味气体时，异味气体由过滤塔的塔顶进入，在自上而下流动过程中与已接种挂膜的填料介质接触，在此过程中异味气体组分被微生物膜捕获净化，净化后的组分从过滤塔底部流出。生物过滤塔运行过程中需要定期从塔顶向塔内补充营养液，为填料介质上的微生物提供充分的营养物质和水分，并调整合适的 pH[9]。

　　生物滴滤工艺则同时具有悬浮生长系统和附着生长系统的特点。生物滴滤法处理异味气体时，气体从塔底流入并向塔顶流动，在流动过程中与塔内已接种挂膜的填料层接触而被捕获和净化降解，净化后的气体从塔顶排出塔外。生物滴滤塔内采用循环喷淋的方式给填料层上附着的微生物提供营养物质和水分，使其形成稳定的微生物膜。

　　总体上，生物法适用于处理水溶性好、生物降解性强的异味污染物，并需要适宜的环境条件和工艺参数。对于水溶性较低和生物降解性较差的异味污染物，需要通过增强气液传质、筛选优势菌种等方法提升净化处理效果。

8.6　等离子体法

8.6.1　等离子体法基本原理

　　等离子体是继气态、液态、固态之后的第 4 种物质存在状态，是物质完全或部分电离的状态，由大量的带电粒子和中性粒子构成，其中正负电荷粒子总数相等，中体呈电中性。

　　根据内部温度高低可将等离子体分为热等离子体和低温等离子体。热等离子体内部电子和离子的温度都较高，达到 5000K 以上，电离度较高并且系统处于热力学平衡状态。低温等粒子体系统中的离子温度较低，一般仅为 300~500K，系统的能量几乎全部用于给电子加速，因此电子获得 1~20eV 的能量和 10000~250000K 的温度，远高于离子和自由基的温度，因此低温等离子体也被称为非热力学平衡等离子体。

　　在低温等离子体系统中，由于高能电子与背景分子发生持续的碰撞作用，产生大量的自由基（·OH）和激发态活性粒子（N_2* 和 O_2*）。这些自由基和活性粒子具有很强的反应活性，可在常温条件下破坏 VOCs 等异味污染物分子的 C—H、C—C 或 C＝C 化学键，将其分解和氧化，最终形成 CO_2、H_2O 等小分子或碎片，实现异味污染的净化控制。

8.6.2　等离子体法技术类型

等离子体的产生需要能量，这些能量一般由电、光、热等其他形式的能量提供。根据能量的提供方式，可将等离子体大致分为几类：放电等离子体、微波诱导等离子体、冲击波诱导等离子体、磁流体诱导等离子体、高能粒子束诱导等离子体、燃烧诱导等离子体和激光诱导等离子体等。空气污染治理领域使用的低温等离子主要是通过气体放电方式产生。气体放电的技术类型可以分为电晕放电、介质阻挡放电等。

（1）电晕放电

电晕放电是气体介质在不均匀电场中的局部自持放电，是一种常见的气体放电形式。电晕放电是在曲率半径比较小的电极附近由于局部电场强度超过气体的电离场强而发生的不均匀气体放电。电晕放电等离子体的电极结构一般有线-板式、线-筒式、针-板式等，利用电极小曲率半径的尖端效应，产生极强的局部磁场，使周围的气体击穿，产生放电并形成等离子体。电晕放电的优点是系统稳定、结构简单、气阻小并且能量利用率高，但缺点在于电晕放电能量注入不高，其放电、电离和发光基本仅存在于电极附近很不均匀，当进一步增强电压时，将引起电晕向火花击穿发展，这使其应用受到很大的限制[4]。

（2）介质阻挡放电

介质阻挡放电是在两个放电电极之间放置一层或几层绝缘介质，当两个电极之间施加高压交流电后，电极间的气体在大气压下被击穿而形成均匀稳定的放电，产生大量的低温等离子体，使待降解的异味污染物气体分子在等离子体的作用下发生降解。介质阻挡放电的放电特性主要取决于气体组分、介质材料、电压频率等条件，其反应器类型一般有体放电、表面放电、填充床式放电等。与其他放电形式相比，介质阻挡放电可操作性强、运行稳定、电子能量大且密度高，适用于异味气体的处理。

8.7　高级氧化法

高级氧化法（advanced oxidation process，AOP）是指通过产生具有强氧化能力的自由基将污染物降解为小分子物质的方法。高级氧化法最初是以产生羟基自由基（·OH）实现污染物的分解，随着研究的深入，硫酸根自由基（SO_4^{-}）等也被证实可以断裂污染物的化学键实现降解。根据产生自由基的类型与方式的不同，高级氧化法可以分为臭氧（ozone）氧化法、芬顿（Fenton）氧化法、过硫酸盐（persulfate，PS）活化氧化法、电化学高级氧化法（electro-chemical advanced oxidation processes，EAOPs）等。

8.7.1　臭氧氧化法

臭氧氧化法是最常用的高级氧化法之一。臭氧具有较强的氧化能力，能够与多种有机物发生化学反应。臭氧氧化法的机理是，臭氧在催化剂的存在下产生具有强氧化能力的羟基自由基，破坏目标污染物的化学键，实现将污染物分解为小分子物质的降解目标。

臭氧氧化法可以分为多种不同的方式。直接臭氧氧化法是利用臭氧与目标物直接反应。催化臭氧氧化法是利用催化剂催化臭氧分解产生羟基自由基，实现对目标物的降解。此外，还可以将臭氧氧化法与其他处理方法进行耦合，例如臭氧氧化法与超声技术、光催化技术等进行耦合，构建超声强化臭氧氧化技术、光催化耦合臭氧氧化法等技术。例如，臭氧与钴铬双金属催化剂耦合对纺织厂的异味废气具有良好的净化处理效果。在120℃的工作温度下，臭氧耦合球型 $Co_{2.5}$-$Cr_{1.5}$ 催化剂能够实现 NO、SO_2 和多种 VOCs 的高效同步脱除[6]。

8.7.2　芬顿氧化法

芬顿氧化法是以法国科学家 Fenton 的名字命名。1894 年法国科学家 Fenton 发现，在酸性条件下，Fe^{2+} 和 H_2O_2 共存的体系可以有效地将酒石酸氧化，因此人们将 Fe^{2+} 和 H_2O_2 组成的体系命名为芬顿体系。芬顿氧化法是目前应用较为广泛的高级氧化法之一。

进一步研究发现，羟基自由基是芬顿反应体系的活性物质，Fe^{2+} 通过催化氧化 H_2O_2 产生具有较高氧化能力的羟基自由基（氧化电位 2.8V），羟基自由基可快速氧化有机污染物。芬顿反应具有氧化性强、反应迅速、设备简单、操作方便等优点，在污染物深度处理领域应用广泛。

根据反应体系中铁催化剂的存在形式，芬顿氧化法降解异味气体时可以分为均相芬顿和非均相芬顿两类。均相芬顿体系是以溶液中的 Fe^{2+} 为催化剂分解 H_2O_2 产生羟基自由基，异味气体分子首先通过气-液传质进入芬顿反应体系，然后被溶液中的羟基自由基氧化分解。

非均相芬顿体系以固相粒子为催化剂，异味气体的降解过程可分为"传质-吸附-催化氧化-解吸附-传质"五个步骤，即异味气体分子经过气-液传质由气相进入溶液并吸附于催化剂表面，在催化剂表面发生催化氧化反应生成氧化产物（中间产物或二氧化碳），这些氧化产物经过解吸附和传质过程返回到溶液中，然后进一步返回到气相随尾气流出反应装置[8]。

例如,通过在四氧化三铁外层包覆碳壳制备 $Fe_3O_4@C$ 核壳结构纳米粒子用作芬顿反应的催化剂,可构建非均相芬顿反应体系高效降解气体污染物,对乙酸乙酯、甲苯等异味气体表现出极高的降解率,对难溶性的气体例如正辛烷也表现出良好的降解效果[2,10]。

8.7.3　过硫酸盐氧化法

过硫酸盐氧化法是基于产生硫酸根自由基(SO_4^{-})实现对污染物的降解。相较于羟基自由基,硫酸根自由基具有更高的氧化电位(2.5~3.1V)、更长的寿命(半衰期 30~40μs)和更广的 pH 适用范围(2.0~8.0),在污染物降解领域具有广阔的应用前景。

过硫酸盐氧化法中,硫酸根自由基主要通过氧化剂中 O—O 键断键的方式产生,即通过活化氧化剂产生硫酸根自由基。常用的氧化剂为过一硫酸盐(PMS)和过二硫酸盐(PDS)。通过调控硫酸根自由基的产生速率,还可以进一步提升自由基的寿命,提升对难降解污染物的净化效果。

例如,过硫酸盐与臭氧两项高级氧化技术耦合时,可以在喷淋装置中高效降解土霉素异味废气。臭氧单独氧化作用使土霉素异味废气的去除率提高了6.2%~15.9%,加入过硫酸钠后,土霉素的去除率增加了 13.9%~23.2%,这是由羟基和硫酸根自由基的氧化作用共同引起[3]。

参 考 文 献

[1] 包景岭,邹克华,王连生. 恶臭环境管理与污染控制. 北京:中国环境科学出版社,2009.
[2] 陈海英. UV/Fenton 氧化去除 VOCs 过程中催化–传质协同作用及其机制研究. 北京:北京科技大学博士学位论文,2021.
[3] 陈湘铃,黄振山,明嵩,等. 臭氧-过硫酸钠高级氧化降解土霉素废气. 环境工程学报,2020,14(11):3102-3110.
[4] 代权. 高压直流电晕放电等离子体去除 H_2S 的研究. 武汉:华中科技大学硕士学位论文,2020.
[5] 郝吉明,马大广,王书肖. 大气污染控制工程. 北京:高等教育出版社,2010.
[6] 刘佩希,陈李春,朱燕群,等. 臭氧耦合催化剂处理纺织厂 VOCs 废气试验研究. 工程热物理学报,2022,43(11):3068-3075.
[7] 吴忠标. 大气污染控制工程. 北京:科学出版社,2002.
[8] 庄媛,刘杰民,曲琛,等. 芬顿催化氧化 VOCs 过程中的传质增强及协同作用研究进展. 环境化学,2021,40:3307-3315.

［9］邹克华，张涛，刘咏，等. 恶臭防治技术与实践. 北京：化学工业出版社，2018.

［10］Haiying Chen, Jiemin Liu, Yipu Pei, et al. Study on the synergistic effect of UV/Fenton oxidation and mass transfer enhancement with addition of activated carbon in the bubble column reactor. Chemical Engineering Journal, 2018, 336: 82-91.

附　　录

附表 1　"三点比较式臭袋法"测定的 223 种异味物质嗅觉阈值

物质	嗅觉阈值（ppm）	物质	嗅觉阈值（ppm）
甲醛	0.50	硫化氢	0.00041
乙醛	0.0015	二甲基硫化物	0.0030
丙醛	0.0010	甲基烯丙基硫化物	0.00014
正丁基醛	0.00067	二乙基硫化物	0.000033
乙基丁基醛	0.00035	烯丙基硫化物	0.00022
正戊醛	0.00041	二硫化碳	0.21
异戊醛	0.00010	二甲基二硫化物	0.0022
正己醛	0.00028	二乙基二硫化物	0.0020
正庚醛	0.00018	二烯丙基二硫化物	0.00022
正辛醛	0.000010	甲基硫醇	0.000070
正壬基醛	0.00034	乙基硫醇	0.0000087
正癸醛	0.00040	正丙基硫醇	0.000013
丙烯醛	0.0036	异丙基硫醇	0.0000060
甲基丙烯醛	0.0085	正丁基硫醇	0.0000028
丁烯醛	0.023	异丁基硫醇	0.0000068
甲醇	33	2-丁基硫醇	0.000030
乙醇	0.52	叔丁基硫醇	0.000029
正丙醇	0.094	正戊基硫醇	0.00000078
异丙醇	26	异戊基硫醇	0.00000077
正丁醇	0.038	正己基硫醇	0.000015
异丁醇	0.011	噻吩	0.00056
2-丁醇	0.22	四氢噻吩	0.00062
叔丁醇	4.5	二氧化氮	0.12
正戊醇	0.10	氨	1.5
异戊醇	0.0017	甲胺	0.035

物质	嗅觉阈值（ppm）	物质	嗅觉阈值（ppm）
2-戊醇	0.29	乙胺	0.046
叔戊醇	0.088	正丙胺	0.061
正己醇	0.0060	异丙胺	0.025
正庚醇	0.0048	正丁胺	0.17
正辛醇	0.0027	异丁胺	0.0015
异辛醇	0.0093	2-丁胺	0.17
正壬醇	0.00090	叔丁胺	0.17
正癸醇	0.00077	二甲胺	0.033
乙二醇单乙醚	0.58	二乙胺	0.048
2-正丁氧基乙醇	0.043	三甲胺	0.000032
1-丁氧基-2-丙醇	0.16	三乙胺	0.0054
2-正丁氧基乙醇	0.043	三甲胺	0.000032
1-丁氧基-2-丙醇	0.16	三乙胺	0.0054
苯酚	0.0056	乙腈	13
邻甲苯酚	0.00028	丙烯腈	8.8
间甲苯酚	0.00010	甲基丙烯腈	3.0
对甲苯酚	0.000054	吡啶	0.063
土臭素	0.0000065	吲哚	0.00030
醋酸	0.0060	斯卡托尔	0.0000056
丙酸	0.0057	乙基邻甲苯胺	0.026
正丁酸	0.00019	丙烷	1500
异丁酸	0.0015	正丁酸	1200
正戊酸	0.000037	正戊烷	1.4
异戊酸	0.000078	异戊烷	1.3
正己酸	0.00060	正己烷	1.5
异己酸	0.00040	2-甲基戊烷	7.0
二氧化硫	0.87	3-甲基戊烷	8.9
羰基硫化物	0.055	2,2-二甲基丁烷	20
2,3-二甲基丁烷	0.42	乙酸乙酯	0.87
正庚烷	0.67	乙酸正丙酯	0.24
2-甲基己烷	0.42	乙酸异丙酯	0.16
3-甲基己烷	0.84	乙酸正丁酯	0.016

物质	嗅觉阈值(ppm)	物质	嗅觉阈值(ppm)
3-乙基戊烷	0.37	乙酸异丁酯	0.0080
2,2-二甲基戊烷	38	乙酸第二丁酯	0.0024
2,3-二甲基戊烷	4.5	乙酸第三丁酯	0.071
2,4-二甲基戊烷	0.94	乙酸正己酯	0.0018
正辛烷	1.7	丙酸甲酯	0.098
2-甲基庚烷	0.11	丙酸乙酯	0.0070
3-甲基庚烷	1.5	丙酸正丙烯酸酯	0.058
4-甲基庚烷	1.7	丙酸异丙酯	0.0041
2,2,4-三甲基戊烷	0.67	丙酸正丁酯	0.036
正壬烷	2.2	丙酸异丁酯	0.020
2,2,5-三甲基戊烷	0.90	丁酸甲酯	0.0071
正十二烷	0.87	异丁酸甲酯	0.0019
正癸烷	0.62	丁酸乙酯	0.000040
正十二烷	0.11	异丁酸乙酯	0.000022
丙烯	13	正丁酸正质	0.011
正丁烯	0.36	丁酸异丙酯	0.0062
异丁烯	10	异丁酸正丙酯	0.0020
正戊烯	0.10	异丁酸异丙酯	0.035
正己烯	0.14	丁酸正丁酯	0.0048
正庚烯	0.37	丁酸异丁酯	0.0016
正辛烯	0.0010	异丁酸正丁酯	0.022
壬烯	0.00054	异丁酸异丁酯	0.075
1,3-丁二烯	0.23	戊酸甲酯	0.0022
异戊二烯	0.048	异戊酸甲酯	0.0022
苯	2.7	戊酸乙酯	0.00011
甲苯	0.33	异戊酸乙酯	0.000013
苯乙烯	0.035	邻苯二甲酸戊酯	0.0033
乙苯	0.17	正丙基异戊酸酯	0.000056
邻二甲苯	0.38	正丁基异戊酸酯	0.012
间二甲苯	0.041	异戊酸异丁酯	0.0052
对二甲苯	0.058	丙烯酸甲酯	0.0035
正丙基苯	0.0038	丙烯酸乙酯	0.00026

物质	嗅觉阈值（ppm）	物质	嗅觉阈值（ppm）
异丙苯	0.0084	丙烯酸正丁酯	0.00055
1,2,4-三甲基苯	0.12	丙烯酸异丁酯	0.00090
1,3,5-三甲基苯	0.17	甲基丙烯酸甲酯	0.21
邻乙基甲苯	0.074	乙酸乙氧乙酯	0.049
间乙基甲苯	0.018	丙酮	42
对乙基甲苯	0.0083	甲基乙基酮	0.44
邻二乙基苯	0.0094	甲基正丙基酮	0.028
间二乙基苯	0.070	甲基异丙基酮	0.50
对二乙苯	0.00039	甲基正丁基酮	0.024
正丁苯	0.0085	甲基异丁基酮	0.17
1,2,3,4-四甲基苯	0.011	甲基二甲基丁基酮	0.024
1,2,3,4-四氢化萘	0.0093	甲基叔丁基酮	0.043
甲苯	0.018	甲基戊基酮	0.0068
对苯	0.033	甲基异戊基酮	0.0021
柠檬烯	0.038	二乙酰	0.000050
甲基环戊烷	1.7	臭氧	0.0032
环己烷	2.5	呋喃	9.9
甲基环己烷	0.15	2,5-二氢呋喃	0.093
甲酸甲酯	130	氯	0.049
甲酸乙酯	2.7	二氯甲烷	160
正丙基甲酸酯	0.96	氯仿	3.8
异丙基甲酸酯	0.29	三氯乙烯	3.9
甲酸丁酯	0.087	四氯化碳	4.6
异丁基甲酸酯	0.49	四氯乙烯	0.77
乙酸甲酯	1.7		

附表 2　罐采样/气相色谱–质谱法适用检测的异味物质

序号	化合物名称	分子式	CAS 号	摩尔质量	定量离子	辅助离子	检出限（μg/m³）
1	一溴一氯甲烷（内标1）	CH_2BrCl	74-97-5	128	130	128,93	—
2	丙烯	C_3H_6	115-07-1	42	41	42,39	0.2

续表

序号	化合物名称	分子式	CAS 号	摩尔质量	定量离子	辅助离子	检出限（μg/m³）
3	二氟二氯甲烷	CCl₂F₂	75-71-8	120	85	87,101	0.5
4	1,1,2,2-四氟-1,2-二氯乙烷	CHF₂ClCHF₂Cl	76-14-2	170	85	135,137,87	0.6
5	一氯甲烷	CH₃Cl	74-87-3	50	50	52	0.3
6	氯乙烯	C₂H₃Cl	74-01-4	62	62	64,63	0.3
7	丁二烯	C₄H₆	106-99-0	54	54	53,39	0.3
8	甲硫醇	CH₃SH	74-93-1	48	47	48,45	0.3
9	一溴甲烷	CH₃Br	74-83-9	94	94	96,93,91	0.5
10	氯乙烷	C₂H₅Cl	75-00-3	64	64	66,49	0.9
11	一氟三氯甲烷	CFCl₃	75-69-4	136	101	103,105	0.7
12	丙烯醛	C₃H₄O	107-02-8	56	56	55,38	0.5
13	1,2,2-三氟-1,1,2-三氯乙烷	C₂HCl₃F₂	76-13-1	186	101	151,85	0.7
14	1,1-二氯乙烯	Cl₂C＝CH₂	75-35-4	96	61	96.98	0.5
15	丙酮	CH₃COCH₃	67-64-1	58	43	58	0.7
16	甲硫醚	C₂H₆S	75-18-3	62	62	47,45	0.5
17	异丙醇	C₃H₈O	67-63-0	60	45	43	0.6
18	二硫化碳	CS₂	75-15-0	76	76	78,77	0.4
19	二氯甲烷	CH₂Cl₂	75-09-2	84	49	86,84	0.5
20	顺-1,2-二氯乙烯	C₂H₂Cl₂	156-59-2	96	96	98,61	0.5
21	2-甲氧基-甲基丙烷	C₅H₁₂O	1634-04-4	88	73	57,41	0.5
22	正己烷	C₆H₁₄	110-54-3	86	57	41,86	0.3
23	亚乙基二氯（1,1-二氯乙烷）	CH₃CHCl₂	75-343	98	63	65,98	0.7
24	乙酸乙烯酯	C₄H₆O₂	108-054	86	43	86	0.5
25	2-丁酮	C₄H₈O	78-93-3	72	43	72,57	0.5
26	反-1,2-二氯乙烯	C₂H₂Cl₂	156-60-5	96	96	98,61	0.8
27	乙酸乙酯	C₄H₈O₂	141-78-6	88	43	61,45	0.6
28	四氢呋喃	C₄H₈O	109-99-9	72	42	71,72,41	0.7

续表

序号	化合物名称	分子式	CAS 号	摩尔质量	定量离子	辅助离子	检出限 (μg/m³)
29	1,2-二氟苯(内标2)	$C_6H_4F_2$	367-11-3	114	114	88,63	—
30	氯仿	$CHCl_3$	67-66-3	118	83	85,47	0.5
31	1,1,1-三氯乙烷	$C_2H_3Cl_3$	71-55-6	132	97	61,117	0.5
32	环己烷	C_6H_{12}	110-82-7	84	56	69,84	0.6
33	四氯化碳	CCl_4	56-23-5	152	117	119,121	0.6
34	苯	C_6H_6	71-43-2	78	78	77,52	0.3
35	1,2-二氯乙烷	$C_2H_4Cl_2$	107-06-2	98	62	64.49	0.7
36	正庚烷	C_7H_{16}	142-82-5	100	43	57,71	0.4
37	三氯乙烯	C_2HCl_3	79-01-6	130	130	132,95,60	0.6
38	1,2-二氯丙烷	$CH_3CHClCH_2Cl$	78-87-5	112	63	76,41	0.6
39	甲基丙烯酸甲酯	$C_5H_8O_2$	80-62-6	100	69	41,39,100	0.5
40	1,4-二噁烷	$C_4H_8O_2$	123-91-1	88	88	58,43	0.5
41	一溴二氯甲烷	$CHBrCl_2$	75-27-4	162	83	129,47	0.6
42	顺式-1,3-二氯-1-丙烯	$C_3H_4Cl_2$	10061-01-5	110	75	110,39	0.6
43	二甲二硫醚	$C_2H_6S_2$	624-92-0	94	94	79,45	0.6
44	4-甲基-2-戊酮	$C_6H_{12}O$	108-10-1	100	43	58,85,100	0.6
45	甲苯	C_7H_8	108-88-3	92	91	92	0.5
46	反式-1,3-二氯-1-丙烯	$C_3H_4Cl_2$	10061-02-6	110	75	110,39	0.5
47	1,1,2-三氯乙烷	$C_2H_3Cl_3$	79-00-5	132	97	83,61	0.5
48	四氯乙烯	C_2Cl_4	127-184	164	166	131,94	1
49	2-己酮	$C_6H_{12}O$	591-78-6	100	43	58,100	0.9
50	二溴一氯甲烷	$CHBr_2Cl$	124-48-1	206	129	127,131	0.7
51	1,2-二溴乙烷	$C_2H_4Br_2$	106-93-4	186	107	109	2
52	氯苯-d5(内标3)	C_6H_5Cl	3114-55-4	117	117	82,119	—
53	氯苯	C_6H_5Cl	108-90-7	112	112	77,114	0.7
54	乙苯	C_8H_{10}	100-414	106	91	106	0.6
55	间二甲苯	$C_6H_4(CH_3)_2$	108-38-3	106	91	106,104	0.6

续表

序号	化合物名称	分子式	CAS 号	摩尔质量	定量离子	辅助离子	检出限（μg/m³）
56	对二甲苯	$C_6H_4(CH_3)_2$	106-42-3	106	91	106,104	0.6
57	邻二甲苯	$C_6H_4(CH_3)_2$	95-47-6	106	91	106,104	0.6
58	苯乙烯	C_8H_8	100-42-5	104	104	78,51	0.6
59	三溴甲烷	$CHBr_3$	75-25-2	250	173	171,175	0.9
60	四氯乙烷	$C_2H_2Cl_4$	79-34-5	166	83	85,131,94	1
61	4-乙基甲苯	C_9H_{12}	622-96-8	120	105	120,91	0.9
62	1,3,5-三甲苯	C_9H_{12}	108-67-8	120	105	120,77	1
63	1,2,4-三甲苯	C_9H_{12}	95-63-6	120	105	120,77	0.7
64	1,3-二氯苯	$C_6H_4Cl_2$	541-73-1	146	146	111,148	0.5
65	1,4 二氯苯	$C_6H_4Cl_2$	106-46-7	146	146	111,148	0.7
66	氯代甲苯	C_7H_7Cl	100-44-7	126	91	126,65	0.7
67	1,2-二氯苯	$C_6H_4Cl_2$	95-50-1	146	146	111,148	2
68	1,2,4-三氯苯	$C_6H_3Cl_3$	120-82-1	180	180	145,182	1
69	1,1,2,3,4,4-六氯-1,3-丁二烯	C_4Cl_6	622-96-8	258	225	190,118,260	2
70	萘	$C_{10}H_8$	108-67-8	128	128	64	0.7

附表3　吸附管采样/气相色谱–质谱法适用检测的异味物质

序号	化合物名称	分子式	CAS 号	摩尔质量	定量离子	辅助离子	检出限（μg/m³）
1	1,1-二氯乙烯	$Cl_2C=CH_2$	75-35-4	96	61	96,63	0.3
2	1,1,2-三氯-1,2,2-三氟乙烷	CCl_2FCClF_2	76-13-1	187	151	101,103	0.5
3	氯丙烯	C_3H_5Cl	107-05-1	77	41	3976	0.3
4	二氯甲烷	CH_2Cl_2	1975/9/2	85	49	84,86	1.0
5	1,1-二氯乙烷	CH_3CHCl_2	75-34-3	99	63	65	0.4
6	顺式-1,2-二氯乙烯	$C_2H_2Cl_2$	156-59-2	97	61	96,98	0.5
7	三氯甲烷	$CHCl_3$	67-66-3	119	83	85,47	0.4
8	1,1,1-三氯乙烷	$C_2H_3Cl_3$	71-55-6	132	97	99,61	0.4

序号	化合物名称	分子式	CAS 号	摩尔质量	定量离子	辅助离子	检出限（μg/m³）
9	四氯化碳	CCl_4	56-23-5	152	117	119	0.6
10	1,2-二氯乙烷	$C_2H_4Cl_2$	107-06-2	98	62	64	0.8
11	苯	C_6H_6	71-43-2	78	78	77,50	0.4
12	三氯乙烯	C_2HCl_3	79-01-6	130	130	132,95	0.5
13	1,2-二氯丙烷	$CH_3CHClCH_2Cl$	78-87-5	112	63	41,62	0.4
14	顺式-1,3-二氯丙烯	$C_3H_4Cl_2$	10061-01-5	110	75	39,77	0.5
15	甲苯	C_7H_8	108-88-3	92	91	92	0.4
16	反式-1,3-二氯丙烯	$C_3H_4Cl_2$	10061-02-6	110	75	39,77	0.5
17	1,1,2-三氯乙烷	$C_2H_3Cl_3$	79-00-5	132	97	83,61	0.4
18	四氯乙烯	C_2Cl_4	127-184	164	166	164,131	0.4
19	1,2-二溴乙烷	$C_2H_4Br_2$	106-93-4	186	107	109	0.4
20	氯苯	C_6H_5Cl	108-90-7	112	112	77,114	0.3
21	乙苯	C_8H_{10}	100-414	106	91	106	0.3
22	间,对-二甲苯	$C_6H_4(CH_3)_2$	108-38-3/106-42-3	106	91	106	0.5
23	邻-二甲苯	$C_6H_4(CH_3)_2$	95-47-6	106	91	106	0.3
24	苯乙烯	C_8H_8	100-42-5	104	104	78,103	1.0
25	1,1,2,2-四氯乙烷	$C_2H_2Cl_4$	79-34-5	166	83	85	0.4
26	4-乙基甲苯	C_9H_{12}	622-96-8	120	105	120	0.5
27	1,3,5-三甲基苯	C_9H_{12}	108-67-8	120	105	120	0.4
28	1,2,4 三甲基苯	C_9H_{12}	95-63-6	120	105	120	0.4
29	1,3-二氯苯	$C_6H_4Cl_2$	541-73-1	146	146	148,111	0.6
30	1,4 二氯苯	$C_6H_4Cl_2$	106-46-7	146	146	148,111	0.8
31	苄基氯	C_7H_7Cl	100-44-7	127	91	126	0.3
32	1,2-二氯苯	$C_6H_4Cl_2$	95-50-1	146	146	148,111	0.5
33	1,2,4 三氯苯	$C_6H_3Cl_3$	120-82-1	180	180	182,184	0.3
34	六氯丁二烯	C_4Cl_6	87-68-3	261	225	227,223	1.0